眠れない夜に読みたくなる宇宙の話80

著者　宇宙すずちゃんねる
監修　渡部潤一

KADOKAWA

はじめに

みなさんこんにちは、すずです。

この本を手にとっていただき、ありがとうございます。

「宇宙」と聞いて、みなさんはどのようなことを思い浮かべますか。

「もっと知りたい！」と前のめりになる方もいれば、「なんだか怖い」と漠然としたイメージを持つ方もいるかもしれません。

私自身は、宇宙に何度も救われた経験があります。

大好きな親友とケンカした中学生のとき、進路で思い悩んだ高校生のとき、初めての社会人生活で大きなストレスを感じたとき……。星空を見上げて壮大な宇宙を感じられたことで、視野がふわっと広がって心が軽くなることがありました。


宇宙について発信を始めてからは、自分の存在のちっぽけさや生きていることの奇跡を感じて、小さなことでくよくよすることが減りました。

「宇宙から見れば自分は砂粒みたいな存在なんだ」「こんな奇跡の上で暮

らせているんだから十分じゃないか」といったふうに、自然と前を向けるようになったのです。

宇宙について調べれば調べるほど、地球上の感覚ではありえないことが実際に今起こっていることが分かってきます。自分がこれまで培ってきた「ものさし」がぐんと伸びるような、なんとも言えない感覚です。

この本では、そんな宇宙の魅力を手軽に感じていただけるように、地球誕生から月や銀河、宇宙の果てまでの80テーマを選び、心を込めて書きました。また、少しでも宇宙を楽しんでいただけるように、私が朗読した音声も収録しています。

なんだか心がモヤモヤして眠れない夜に。また、そうでない長い夜にも。この本を通して、宇宙の壮大さと私たちが生きていることの奇跡を感じていただけましたら幸いです。

宇宙　すずちゃんねる

単位「光年」

光
（約30万km/秒）

1光年＝約9兆4,600億km

＝

新幹線
（約300km/時）

約360万年かかる

1光年＝光（秒速約30万km）が1年間に進む距離
＝約9兆4600億km

地球の「自転」と「公転」

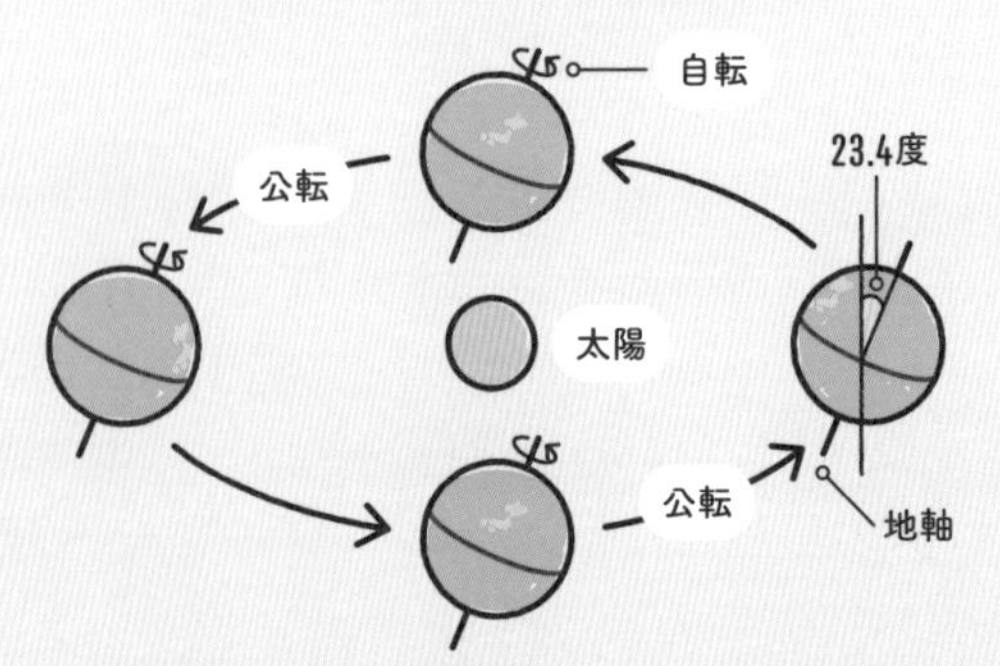

自転＝地軸（北極と南極を結ぶ線）を中心に1日に1周している
公転＝太陽の周りを約1年かけて1周している

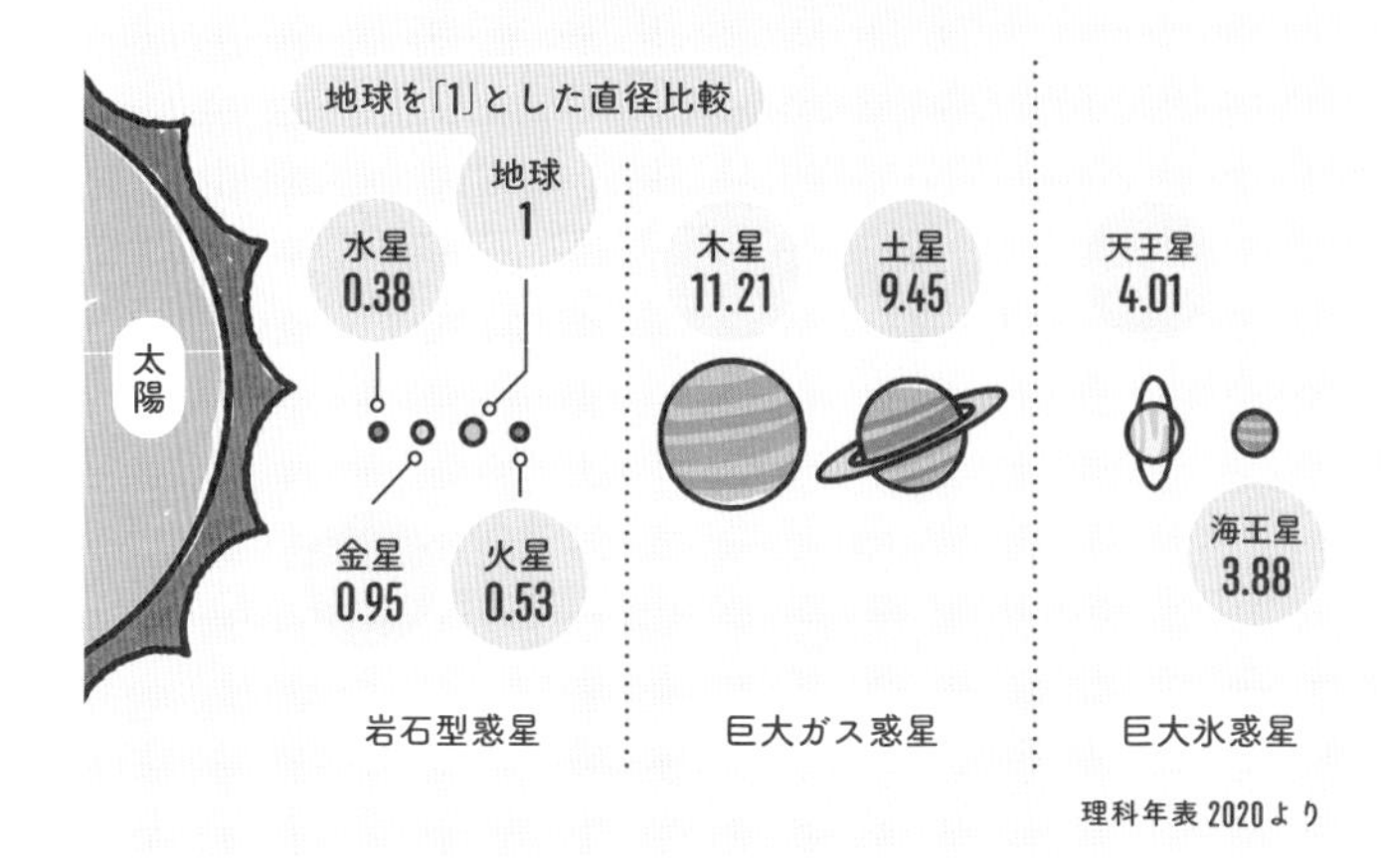
太陽系の「惑星」
地球を「1」とした直径比較
太陽
水星
0.38
地球
1
金星
0.95
火星
0.53
木星
11.21
土星
9.45
天王星
4.01
海王星
3.88
岩石型惑星
巨大ガス惑星
巨大氷惑星
理科年表 2020より

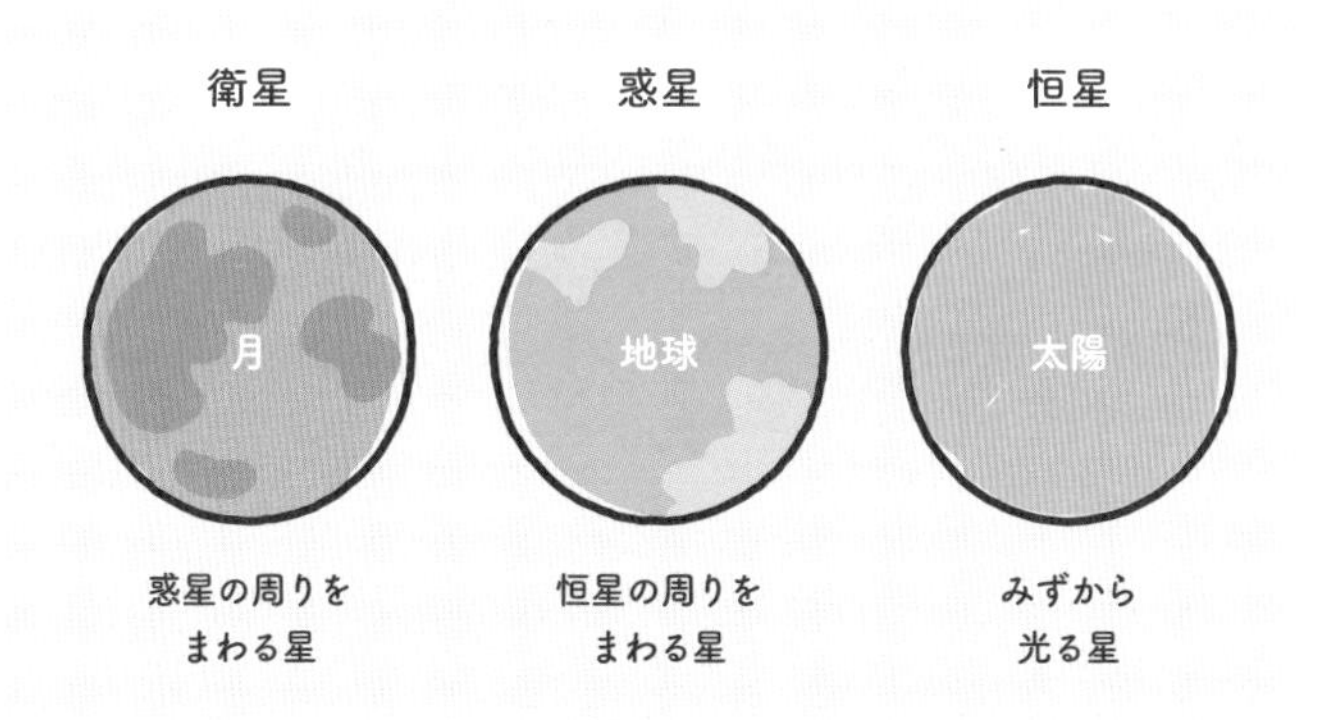
「恒星」「惑星」「衛星」
衛星
惑星
恒星
月
地球
太陽
惑星の周りを
まわる星
恒星の周りを
まわる星
みずから
光る星

目次

第2章 月

第3章 太陽

第4章 惑星

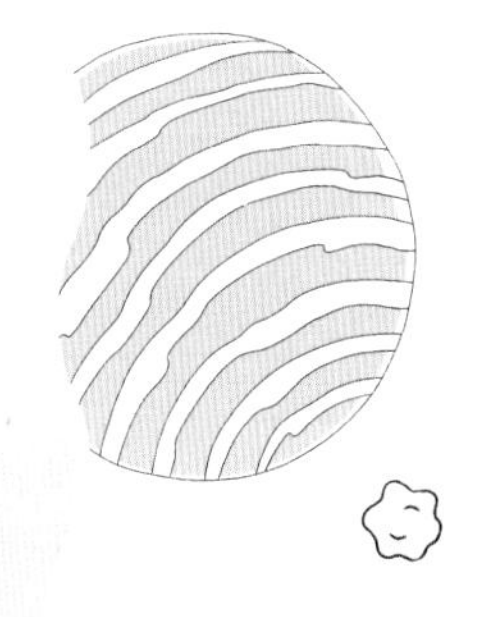

第5章 星

第6章 宇宙

アートディレクション　細山田 光宣
デザイン　山本 夏美（細山田デザイン）
DTP　クニメディア
カバーイラスト　高橋由季
コラムイラスト　宇宙 すずちゃんねる
図版　熊アート
校正　鷗来堂／聚珍社
制作協力　柳澤聖子
編集　笠原裕貴

音声の再生方法

本書の「80テーマ」は以下の方法で
すべて音声で聴くことが可能です。

ダウンロード方法（PCのみ）

https://www.kadokawa.co.jp/product/322310000196/

〔ユーザー名〕**uchu80**　〔パスワード〕**uchu-2024**

上記のURLからアクセスいただくと、データを無料でダウンロードできます。「ダウンロードはこちら」という一文をクリックして、ユーザー名とパスワードをご入力のうえご利用ください。

ストリーミング再生方法（PCおよびスマートフォン）

https://kdq.jp/n8JZJ

上記のURLまたは左の二次元コードからアクセスいただくと、無料で利用できる音声再生ページに遷移いたします。

●ダウンロードはPCからのみとなります。携帯電話・スマートフォンからのダウンロードはできません。●ダウンロード音声はmp3形式で保存されています。お聴きいただくには、mp3を再生できる環境が必要です。●ページへのアクセスがうまくいかない場合は、お使いのブラウザが最新であるかどうかご確認ください。また、ダウンロードする前に、PCに十分な空き容量があることをご確認ください。●ダウンロードフォルダは圧縮されていますので、解凍したうえでご利用ください。●音声はPCでの再生を推奨します。一部ポータブルプレイヤーにデータを転送できない場合もございます。●ダウンロードデータを私的使用範囲外で複製、または第三者に譲渡・販売・再配布する行為を固く禁止いたします。●本サービスは予告なく終了する場合がございます。あらかじめご了承ください。

第1章
地球

奇跡の星

ふと夜空を見上げたとき、宇宙にはたくさんの星があり、私たちが暮らすこの地球もまたその星々の一つにすぎないという事実に、心が揺り動かされた経験はありませんか。

宇宙へと飛び立った宇宙飛行士たちもまた、夜空はもとより地球そのものを肉眼で見て、その魅力的な姿に心を動かされ、思わずため息をついたにちがいありません。

アポロ15号で月面に降り立ったジェームズ・アーウィンは、宇宙から見た地球を「想像できないほど美しいビー玉である。美しく、あたたかく、そして生きている。それは非常にもろくて壊れやすく、指を触れた

月から見た地球の出

ら粉々に砕け散ってしまいそうだった」と表現しました。
　地上から、約４００km上空では、国際宇宙ステーション（ＩＳＳ）が秒速７・７kmの速さで１日およそ16周、地球の周りを飛行しています。そして今、ＩＳＳには７名の宇宙飛行士が滞在し、宇宙から地球を眺めているのです（２０２４年６月現在）。

　ＩＳＳから地球を見ると、真っ暗な世界に浮かび上がる、光輝く都市や海岸線、砂漠などをはっきりと見て取ることができます。さらには地球に降り注ぐ流れ星やオーロラも見ることができるのです。

　一方で、はるか彼方にある土星から地球を見れば、私たちが普段眺めている星々の一つとなんら変わりない、小さな小さな一点にすぎません。
　数多（あまた）ある星の中の、数多ある命の一つが私であり、あなたなのです。

土星から見える小さな地球。土星探査機カッシーニが2013年7月に撮影した地球の姿。土星のリングの右下に小さく青く輝くのが地球。

02 地球の場所

未来の世界で、あなたは宇宙旅行に出かけました。

もしもそこで宇宙人と出会ったならば、地球という場所をどう説明しますか？

「どの星から来ましたか？」と宇宙人に聞かれて、「地球から来ました」と答えたとしても、ほぼ100％宇宙人には伝わらないでしょう。なぜなら地球は太陽の周りを回る「惑星（わくせい）」にすぎず、太陽のように自ら輝く「恒星（こうせい）」ではないからです。

この広い宇宙の中で地球の位置を直接確認することは、ほぼ不可能なのです。

そのため、宇宙人に地球の場所を説明するには、まず太陽の位置を説明する必要があります。では一体、太陽は宇宙のどこにあるのでしょうか？

地球や火星などの惑星がある太陽系は、「天の川銀河（あまのがわぎんが）（銀河系）」と呼ばれる銀河の中にあります。天の川銀河は、太陽と同じような約2000億個の恒星と、星間（せいかん）ガスからできていて、その真ん中の膨らんだ部分を「バルジ」と言います。

バルジの直径は約1万5千光年（1光年＝約9兆4600億㎞）です。そして天の川銀河を真上から見ると、大きく渦を巻いているように見えます。

太陽の位置は、天の川銀河の中心から約2万8千光年の距離にあります。天の川銀河の中心部のバルジを都市部だとすれば、地球は都市のはずれにあると言えます。

夜空を見上げると、光の帯のように輝く天の川を見ることができます。実はこの天の川こそが、天の川銀河を内側から見た姿。地球も天の川銀河の一部なのだと実感する景色です。

私たちは、地球が宇宙の中心のようについ考えてしまいますが、宇宙には無数の銀河があり、地球や太陽がある天の川銀河は、その無数にある銀河の一つにすぎないのです。

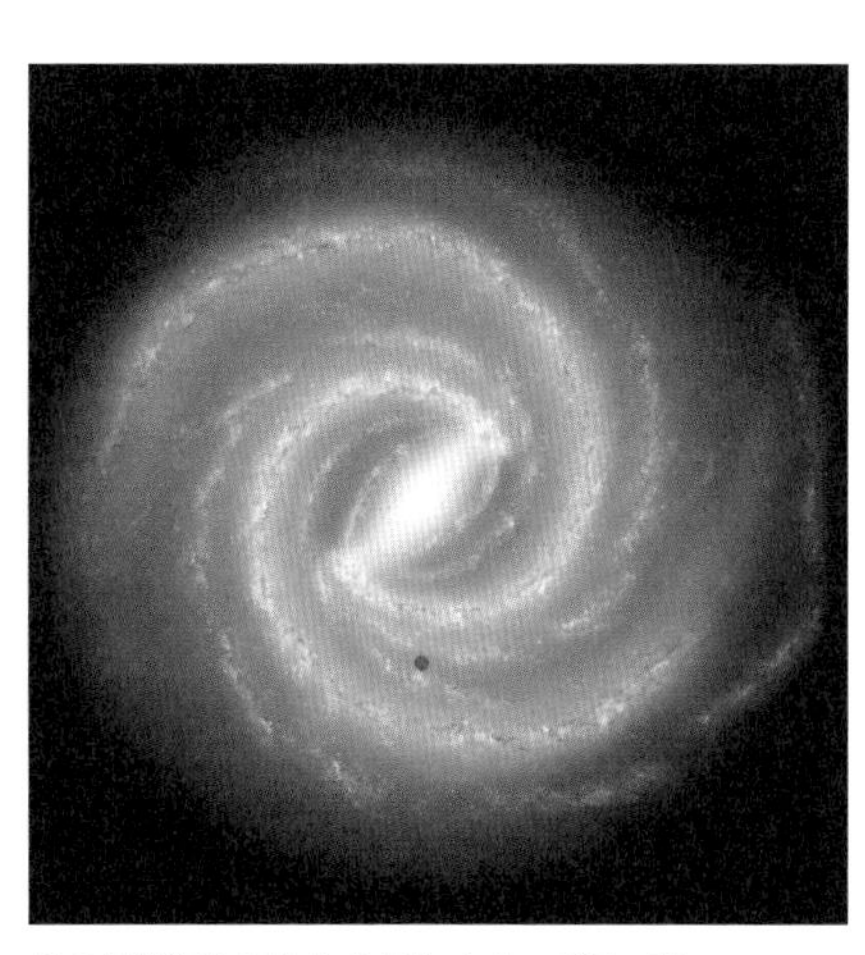

天の川銀河を真上から見たイメージ図。赤い点の位置に太陽がある。

地球のはじまり

私たちが暮らすこの奇跡の地球(ほし)は一体どのようにして生まれたのでしょうか。

地球誕生のストーリーは約46億年前までさかのぼります。

天の川銀河の一角で、名もなき星が最期を迎えて超新星爆発(ちょうしんせいばくはつ)を起こしたことから始まります。爆発で散らばった水素やヘリウムなどのガス、そして様々な元素からなるチリが漂う中で、それらが重力によって集まり、まず「原始太陽(げんしたいよう)」が生まれました。

原始太陽の周りには、ガスとチリから成る円盤が広がっていました。その円盤の中ではチリが衝突と合体を繰り返し、100億個にものぼる直径10㎞ほどの小さな天体「微惑星(びわくせい)」ができます。さらにその微惑星同士が衝突と合体を繰り返していくことで、「原始地球」が出来上がったのです。

次々と天体同士が衝突を繰り返してできた原始地球の表面は、衝突で生じた熱エネルギーによってドロドロのマグマで覆われていました。このときの原始地球の表面温度は1000度を超えており、マグマオーシャン（マグマの海）と呼ばれる状態でした。

このマグマオーシャンの熱が内部の岩石を溶かしていくことで、重い鉄が中心に集まり、軽い岩石成分は外側に移動して、現在のような地球の内部構造が出来上がっていきました。微惑星に含まれていた水や炭素はマグマの熱によって蒸発し、地球の周りを大気として覆うようになったのです。

その後、地球の成長もほぼ終わり、天体の衝突も減ると地表の温度は下がり始めました。そして、地球の周りに大気として漂っていた膨大な量の水蒸気が厚い雲となり、やがて激しい雨となって地表に降り注ぎました。

この雨は何万年もの間降り続け、地球に大きな海をもたらしたと考えられています。

ISSから撮影された地球の様子。雲の合間から太陽の光が地球に差し込んでいる。

命の起源

地球上には私たち人類をはじめ、動植物や昆虫、さらには肉眼では見えないほど小さな菌類など、約870万種もの多様な生物が存在していると推測されています。

一方で宇宙に目を向けてみると、私たちが知るかぎりでは、地球は全宇宙で唯一の生命が存在する天体でもあるのです。

では、なぜ地球は、生命溢れる惑星になったのでしょうか。

生命誕生のメカニズムには、大きく分けて二つの仮説があります。

一つが、太古の海で何らかの作用が働き、生命が偶然誕生したというものです。

約38億年前の地球の海底にも現在と同様に、黒く濁った熱水が噴き出す「熱水噴出孔（ねっすいふんしゅつこう）」と呼ばれる場所がありました。現代に生きる生物たちの共通の祖先に近いと考えられている微生物は、熱水の環境を好むものが多く、この熱水噴出孔のような場所で初めて誕生したのではないかと考えられています。

もう一つの仮説は、地球外から隕石（いんせき）やダストなどによって微生物のもとになる物質が運ばれてきたというものです。地球外からきたアミノ酸などの物質が、太古の地球に何らかの作用を働かせ、そこから生命が生まれたと考えられています。

いずれにしても、最初の生命がいつ頃、どのようにして誕生したのかは、まだまだ分からないことだらけです。

微生物が出現した後、多様な生命が地球上に生まれてくるためには、いくつかの特別な条件、言うならば「奇跡」が必要でした。

その条件の一つが、太陽から地球までが絶妙な距離に保たれていることです。その絶妙な距離によって、生物が生きるうえで必要な液体状態の水が地球に存在しています。また地球の中心にある鉄の核によって、地球に磁場があることも重要でした。地球の磁場は、有害な放射線を含む太陽風から生物を守ってくれているのです。

このように、多くの偶然と奇跡の折り重なりによって、地球の豊かな生命は守られ、育まれてきたのです。

私たちは守られている

私たちは何気なく地球上で暮らしていますが、実は宇宙の過酷な環境から強力なバリアで守られています。そのバリアとは、「大気」と「磁場」です。

大気にはオゾン層があり、太陽の有害な紫外線から私たちを守ってくれています。地球を包み込む大気の厚みはほんの100km程度ですが、この大気があるからこそ、太陽の光が散乱され、青く澄み切った空や赤く沈む夕日を見ることができるのです。

一方、大気がない月では、赤道で昼の温度が110度、夜はマイナス170度にもなります。大気があるからこそ地球の気候は穏やかで、生き物が住みやすい環境が作られているのです。

また、地球の内部には金属の核があり、高温によって溶けた金属が動くことで電気が発生し、巨大な磁石になっています。

この大きな磁石によってできた磁場が、太陽から放出される電気を帯びた粒子（太陽風）や、宇宙を飛び交う高エネルギー粒子などをはじいて、地球上へ到達するのを防ぐ役割をしています。

もし高エネルギー粒子が地球にそのまま降り注ぎ、生命をつなぐ遺伝子に衝突するとガンなどの病気が増え、地球上の生命は多大な影響を受けてしまうでしょう。

ただし、この地球の磁場も完璧ではありません。太陽の活動によって太陽風が大きく変動することで、航空システムや電力網などに混乱をもたらす地磁気嵐が起こることもあります。なお、太陽風の一部は地球の極地の大気圏に入り込み、大気と衝突して美しい光を発するオーロラにもなります。

日々の生活の中で、「守られていること」を意識することは多くはないでしょう。でもときには、私たちを大切に守ってくれる大きな存在がいることを、思い出してみてはいかがでしょうか。

太陽風が北極や南極に流れて大気と衝突することで、オーロラが発生する。

逆転する地磁気

地球全体の磁気（地磁気）の強さは、時々刻々と変化しています。地磁気の観測が行われるようになった過去100年あまりの間に、地磁気の強さは約10％減少していることが分かっています。

「このまま減少して地球を守ってくれている地磁気がなくなるの？」と思うかもしれませんが、そういうわけではありません。

およそ2000年前は今よりも約50％地磁気が強く、逆におよそ6000年前は今の半分ほどの強さだったことも分かっています。

このように地磁気の強さは気づかないうちに、いつも変化しているのです。

驚くことに、地球の長い歴史を見ていくと、地球のN極とS極が逆転するような出来事が何度も起こっています。記録によると、過去8300万年間で183回、過去1億6000万年間で数百回もN極とS極が逆転しているそうです。

逆転は、磁石がくるんと向きを変えるように、急激に起こるものではありません。磁場が少しずつ向きを変えながら次第に弱くなり、やがて逆向きになって強くなっていくように、数千年程度の時間をかけて起こると考えられています。一度向きが逆転してしまえば、数十万年から１００万年くらいは同じ向きの状態が続きます。

現在から見て、最後の逆転は約78万年前にありました。

その最後の逆転の証拠が千葉県市原市にある地層で見つかっています。層の中の鉄粉に残された磁気の向きを調べたところ、時代の異なる上下の地層で磁気の向きが反転していたのです。

この市原市の地層が区切る地球の一時期（約12万９０００〜77万４０００年前）は「チバニアン」と命名されました。

もし、私たちが生きている間に、この地磁気の逆転が起こったとしたら、方位磁針をかざすとN極とS極は今と反対向きになるのです。

地層に含まれる鉄粒の向き
地層
現在と反対の磁場の向き
磁場の向きがバラバラ
現在と同じ磁場の向き
チバニアン
過去
現在
約77.4万年前
約12.9万年前

チバニアンと磁場の逆転

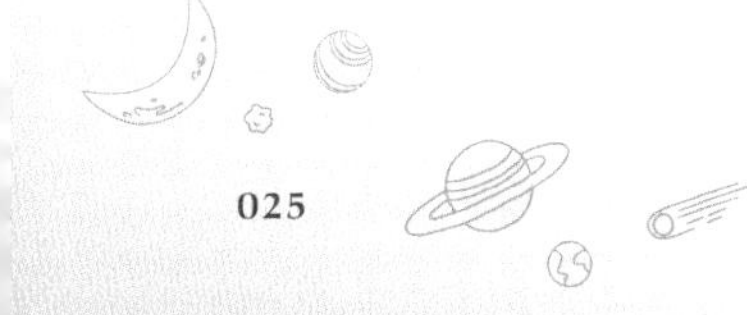

冷え切った世界

地球は太陽の周りを1年かけてまわっていますが、実は太陽の周りをまわる軌道は一定ではなく、10万年周期のリズムでゆっくりと変化しています。

太陽に近い軌道を通るときは、太陽から多くのエネルギーを受け取ることができ、少し離れた軌道を通るときは、受け取れるエネルギーが減って地球は寒冷化します。


このように、地球と太陽の距離が10万年周期でゆるやかに変わることで、地球には「氷期(ひょうき)」と「間氷期(かんぴょうき)」が繰り返されます。とても寒い氷期が9万年ほど続くと、少し暖かい間氷期が1万年ほど訪れるというものです。


現在の地球は間氷期にあたります。

氷期になると1年の平均気温が5〜10度ほど下がり、北アメリカ大陸北部などの広い範囲が氷に覆われてしまいます。また蒸発した海水の一部が雪となって降り積もり、やがて氷の層となって陸に取り残されるので海水面も下がります。

なお、これらの周期変化のみで地球の平均気温が決まるわけではなく、様々な要因が重なっています。

「最終氷期」と呼ばれる最後の氷期が終わった後、気候は次第に温暖化し、約5000~6000年前頃には気温のピークを迎えました。この頃、地球の極域にあった氷が大量に解け、海水面が一気に上がり、海岸線が大きく内部に移動しました。東京湾が栃木県の南の地域に入り込むくらいだったといいます。これは海の近くの遺跡として有名な縄文時代の貝塚の位置が、今よりずっと内陸にあったことからも分かります。

その後、少しずつ地球と太陽の距離が遠くなり、気温が下がり、海水面も下がっているのが今の状態です。

現在の間氷期がいつ終わり、次の氷期がいつ始まるのか、詳しくはまだ分かっていません。

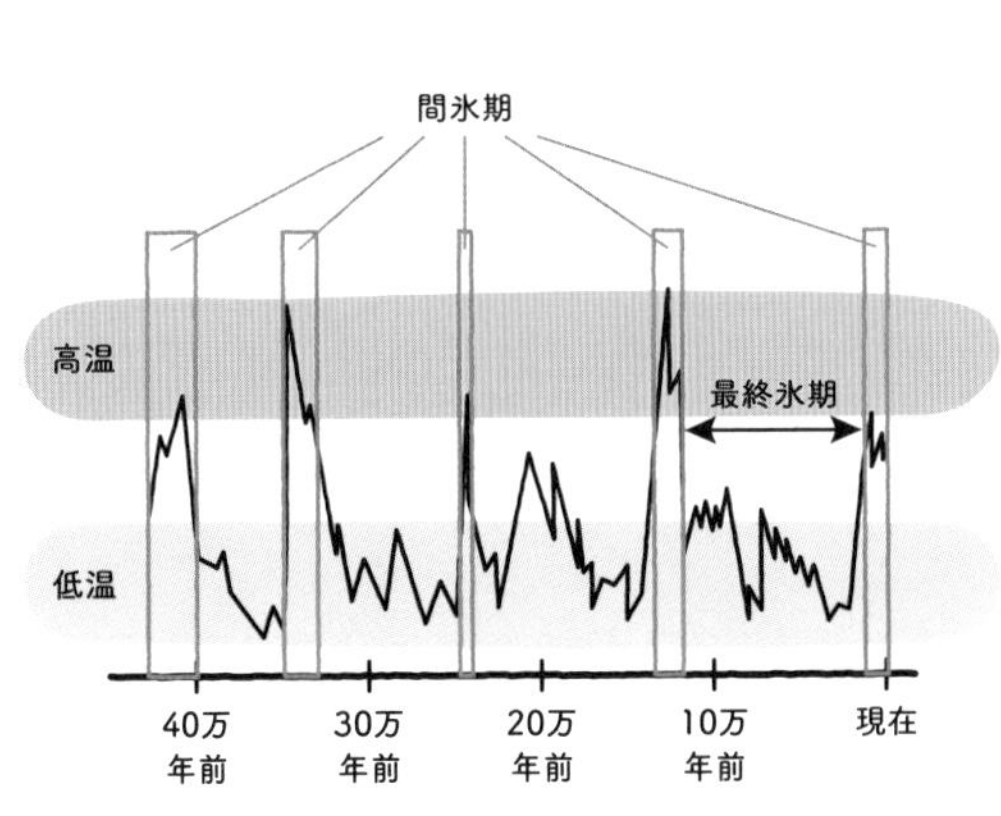

地球の平均気温の変化のイメージ

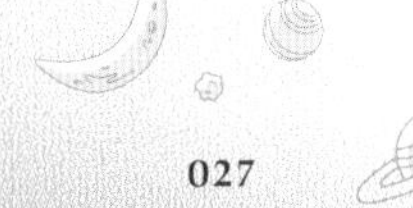

2億5千万年後の地球

現在の地球は、ユーラシア大陸、アフリカ大陸、北アメリカ大陸、南アメリカ大陸、オーストラリア大陸、南極大陸の六つの大陸と、太平洋や大西洋、インド洋などの海に分けられています。

これらの大陸は永遠に同じ位置関係ではなく、長い月日を経て集まったり分裂したりを繰り返してきました。

地球の表面には大きく七つのプレートがあり、その下のマントルの動きによって、プレートが年間数㎝ずつ動いています。それに合わせてプレートの上にある大陸もまた動いています。

現在の大陸も2億5千万年前まで時をさかのぼると、「パンゲア」という一つの大陸だったと考えられています。

それでは、これからの地球はどうなるのでしょうか。

どんな生き物も、たいていは確実に絶滅へ向かっているといいます。

私たち人類も例外ではありません。2015年にイギリスのオックスフォード大学が発表した「人類を脅かす12のリスク」という報告書では、次のような原因が挙げられています。

❶極端な気候変化　❷核戦争　❸世界規模のパンデミック　❹生態系の崩壊
❺国際的なシステムの崩壊　❻巨大隕石の衝突　❼大規模な火山噴火
❽合成生物学（ヒトなどを標的とする病原体の生成）　❾ナノテクノロジー
❿人工知能　⓫全く未知の可能性　⓬政治の失敗による国際的影響

これらによって、今後、数千年の間に人類は絶滅するとも言われています。人類が絶滅すると、ビルや橋など建造物の金属が腐食して壊れ始めます。そして、人類の痕跡（こんせき）はピラミッドや万里の長城といった石でできた建造物だけになってしまうでしょう。

やがて2億5千万年後の地球では、大陸も今とまったく違う姿へと変貌します。ある予測では、六つの大陸が大きな一つの大陸となり、その中心に現在のオーストラリアが存在すると言われています。

遠い未来、地球はどうなっているのか。見てみたい気持ちと見てみたくない気持ちが混在しています。

地球の最期

今回は、はるか未来の地球の姿を想像してみましょう。

前回、2億5千万年後には、地球は一つの大陸になっている可能性があるとお話ししました。そのときには人類をはじめ、地上のあらゆる生物がその姿・形を変えていることでしょう。

もしかすると、ここからまた生命誕生の歴史が繰り返される可能性もありますが、それは難しいことかもしれません。

その原因は、地球の活動停止と、徐々に明るくなる太陽にあります。

私たち人間に心臓があるように、地球にも命のエネルギー源があります。それが地球内部にある熱です。地球の内部は高温で、その熱によってマントルが熱せられてぐるぐると常に動いています。

マントルが動くことでプレートが沈み込んで大陸が動き、火山活動や地震が発生します。これらは人類にとって災害ですが、一方で地球が生きている証しでもあるのです。しかし、これらの活動も決して永遠ではなく、地球の内部は徐々に冷えて、いずれ地球の活動は停止すると考えられています。

一方、太陽は1億年ごとに約1%ずつ、ゆっくりと明るさが増していきます。20億年後には、その明るさは現在の約1・2倍になり、それに伴って地球の平均温度も徐々に上昇します。

60億年後には、太陽が寿命を迎え、今の2倍の明るさにまで膨れ上がります。このときには、地球の気温は100度以上に達し、海の水は蒸発、地球上のすべての生物は絶滅してしまうと考えられています。

おそらく地球からは迫りくる太陽の姿が見え、不気味な光景が広がっていることでしょう。急激に膨張する太陽は、今の200倍以上の大きさになり、地球をのみ込んでしまうかもしれないと考えられているのです。

地球の歴史は46億年前から始まり、初めて生命が誕生したのは約35億年前。そして、私たち人類の祖先が誕生したのが約700万年前です。

そう思うと地球の長い歴史の中で、人類が生きた時代はほんの一瞬であり、今のような時代に生まれたことは奇跡のような気がするのです。

未知との遭遇

人類はいつの日か、地球外生命体と出会うことがあるのでしょうか。そしてその出会い方は、どのようなものが想定できるのでしょうか。

まず考えられるのが、「知性を持つ宇宙人と遭遇する」ということです。これまで映画やアニメで何度も描かれてきた宇宙人との遭遇は、人類が最も期待していることかもしれません。

ですが、その実現はなかなか難しそうです。現在、地球から最も遠いところを飛行中の探査機ボイジャーでさえも、太陽から最も近い恒星に到達するには約4万年かかります。知的生命体同士が出会うには、宇宙はあまりに広すぎるのです。

そのほかに、「高度な文明を持つ宇宙人と電波でコミュニケーションをとる」というケースも考えられるでしょう。

1960年、「地球外知的生命体探査（SETI）」という、電波を使って太陽系の外にいる知的生命体を探すプロジェクトが始まりました。

　現在も、地球に似た惑星がありそうな恒星に電波望遠鏡を向けて、宇宙人からの通信電波をキャッチできないか調べています。逆に、地球から宇宙人へメッセージを送る試みが行われたこともあります。

　そして、最も実現度が高そうなのが、「天体の隕石などから微生物が発見される」ケースです。太陽系の中には、生命が存在する可能性のある惑星や衛星がいくつかあると考えられています。

　生命が存在するためには、その天体に水や有機物が存在する必要がありますが、その有力候補の一つが火星です。

　火星表面からは水が削ったと考えられる巨大な渓谷の跡などが発見され、今では火星の地下に豊富な水がほぼ間違いなく存在していると考えられています。

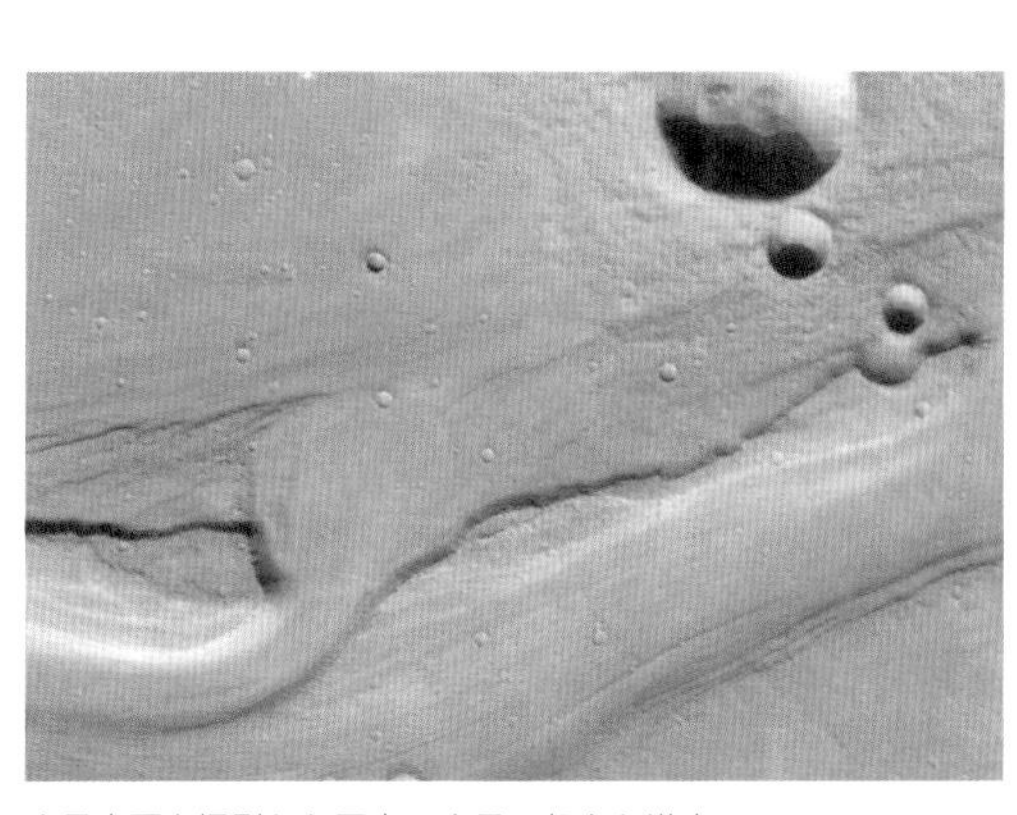

火星表面を撮影した写真。火星で起きた洪水での浸食を思わせる地形の様子。

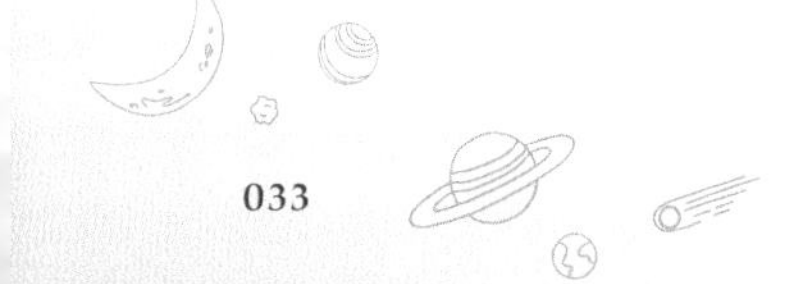

また、木星の衛星「エウロパ」や土星の衛星「エンケラドス」も候補です。どちらの衛星も表面が氷で覆われ、その氷の下には海があると考えられています。地球と同じように、深海に熱水噴出孔があれば、生命が誕生している可能性があるのです。

現在、探査機「JUICE」が木星の周りをまわる氷衛星を探索するために、木星に向かっています。2030年頃には木星に到達し、3年かけて詳細な観測を行う予定です。

もしかすると、その頃には「宇宙で生命発見!」の報告が聞こえてくるかもしれません。

木星の氷の衛星「エウロパ」の魅惑的な表面

11 地球そっくりな惑星

太陽系の外に、もし水があって主星（太陽のような恒星）から適度なエネルギーをもらう地球のような惑星があれば、知的生命体がいるかもしれません。

2009年にNASAが打ち上げたケプラー宇宙望遠鏡は、太陽系外にある惑星を探す目的で打ち上げられました。

通常、望遠鏡で観測しても、太陽系外という非常に遠い距離にある惑星を直接見つけることはできません。そのため、恒星の前を惑星が横切って恒星がわずかに暗くなる、そのかすかな明るさの変化を検出するなどして惑星を間接的に見つけるしかありません。

このような方法を駆使して、現在までに5500個以上の惑星が太陽系外に見つかっています（2023年10月時点）。

そのうち、地球に最も似ていると言われているのが、「ケプラー452b」という惑星です。

「ケプラー452b」は、生物がすめる条件に最も近い惑星です。

地球から約1400光年離れたところにある主星の周りをまわっており、主星の年齢は約60億歳で太陽によく似ています。

また、「ケプラー452b」の大きさは地球の約1・6倍、質量は約5倍で、385日かけて主星の周りをまわっているところも地球とよく似ています。

主星からほどよく離れていて、その表面は水が存在できる温度だと考えられているのです。


このように、地球に似た惑星は少なくとも20個以上は発見されています。

もしかしたら、地球から遠く離れた惑星で、私たちと同じような生命体がいて、今このとき、私たちと同じように遠い宇宙に想いを馳せているのかもしれないのです。

ケプラー452bの想像図

空と宇宙の境

私たちの頭上には青い空が広がり、さらに空を突き抜けた先には漆黒の宇宙が存在しています。

空を上へ上へと昇っていくと、一体どこから宇宙になるのでしょうか。空と宇宙の境界線はどこからなのか、ふと考えたことはありませんか。

日本で一番高い山である富士山は3776mの高さです。上空に向かうほど空気圧が下がり、標高が100m上がるごとに、気温は約0・65度ずつ下がっていくので、富士山山頂は地上よりも20度ほど寒くなります。

8848mの高さには、世界最高峰のエベレストが存在します。酸素濃度は地上の3分の1となり、人間が生存できる限界の高さだと言われています。

さらに、上空10km（1万m）付近はジェット機が飛行する高さです。ジェット機の外は気温マイナス50度という極寒の世界となります。

地上からの高さ約10〜16kmまでの大気の層は「対流圏（たいりゅうけん）」と呼ばれ、雲ができたり雨

が降ったりという気象現象はこの高さで起こります。

そこからさらに、対流圏より上に昇った50㎞までは「成層圏（せいそうけん）」と呼ばれる層が広がります。これより上は基本的に天気の変化がなく、晴天が広がる世界です。太陽からの有害な紫外線を吸収し、バリアのように地球を守ってくれるオゾン層が存在するのも、この成層圏です。

さらに中間圏、熱圏と呼ばれる層まできて、高度約100㎞の熱圏内に存在する場所が、ついに空と宇宙の境界線「カルマン・ライン」と呼ばれる場所です。

このラインを越えると、ほとんど空気がなくなり、真空状態になります。

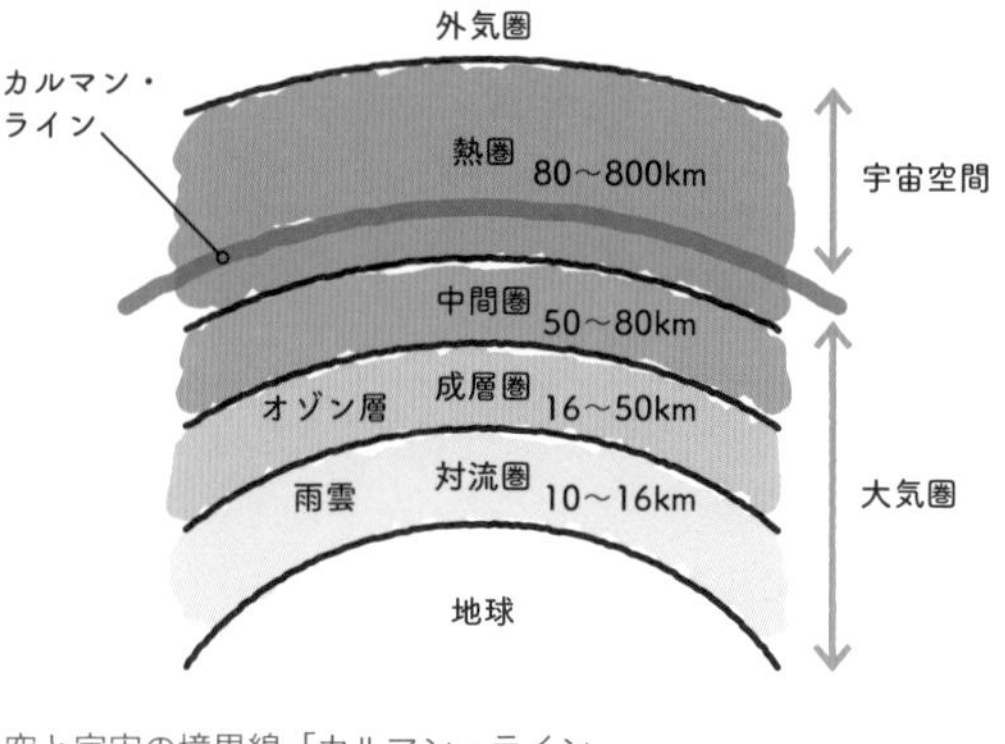

空と宇宙の境界線「カルマン・ライン」

国際宇宙ステーション（ISS）はカルマン・ラインより、さらに高い高度400㎞あたりを飛行しています。国際宇宙ステーションでは、重力の影響を受けにくくなるために、最初は頭痛や吐き気といった宇宙酔いの症状が現れるそうです。
　また、地球上では重力によって体の下のほうへ引っ張られていた体液が、上半身に多い状態になり、顔がむくんだり鼻詰まりの症状が出たりするようです。しばらく滞在すると体液のバランスがとれ、数週間でよくなるのが一般的です。

「国際宇宙ステーション」と聞くと、はるか遠い場所のように感じてしまいますが、距離にすると東京と大阪くらいです。そう考えると、宇宙といえども少し身近な気がしてきます。

国際宇宙ステーションから見た夜間の地球と、その周りを囲む大気のようなもの。

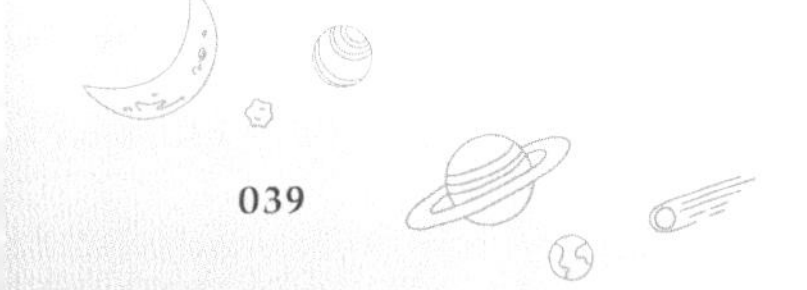

Column

1

宇宙に魅せられた子ども時代

宇宙に最初に興味を持ったのは、小学校低学年の頃です。私が生まれ育った場所は、自然豊かな田舎でした。

ある時、父に連れられて山道を車で登ったことがありました。途中で車を降り、道から山の麓（ふもと）を見下ろすと雲海のように薄い雲が広がっていました。いつもなら空の上にあるはずの雲が足下に見えることに驚き、宇宙の存在を初めて意識した瞬間でした。「この空の上には何があるの？」「地球はなぜできたの？」と父を質問攻めにしたのをよく覚えています。

晴れている日には、自宅の玄関先でも星が綺麗に見えて、まるでプラネタリウムのようでした。自分の部屋の天井にも暗くなると光るシールを貼り付けて、いつも宇宙をそばに感じていました。

中学・高校時代になっても、帰宅しながら夜空を見上げる習慣は変わりませんでした。

今住んでいる場所は、子どもの頃住んでいた田舎ほど星が綺麗に見えず、少し寂しく感じるときもあります。だからこそ、大人になって見上げる夜空には、子どもの頃の宇宙への憧れや思い出がたくさん詰まっていて、心をときめかせてくれます。

第 2 章

月

月の誕生

地球に最も近いところにあり、最もなじみ深い天体といえば月ですよね。日本人は古くより月を眺めて風情を感じたり、ときに豊作を願ったり、文化や生活に深くかかわり合ってきました。

月の直径は約３４００kmで、地球の４分の１ほどの大きさです。木星や火星といった惑星の衛星たちと比べると、月は地球に対してずいぶん大きな衛星といえます。

なぜ、これほど月は大きいのか、そもそも月はどのように誕生したのか。月の誕生については長い間議論されてきたものの、実はまだよく分かっていません。しかし、仮説が四つほどあるので、それらを紹介したいと思います。

一つは「兄弟説」です。原始太陽の周りに無数にあった「微惑星（びわくせい）」が衝突と合体を繰り返して地球が作られるときに、月も同じような過程を辿（たど）ってできたのではないか、という説です。

もう一つが「分裂説」。地球がまだ高温でやわらかかった時代に、一部が遠心力によって地球から飛び出したという説です。

ただし、どちらの説も月から持ち帰られた岩石を調べるなどした結果、今では否定されるようになっています。

三つ目が、地球と離れたところでできた月が地球を通りすぎるときに、たまたま地球の引力に引き寄せられたとする「捕獲説」です。しかし、この説も現在では力学的に無理があると考えられています。

そして、今最も有力なのが「ジャイアント・インパクト説」です。

地球は微惑星同士の衝突・合体でできたと説明しましたが、これまでとは比較にならないほど巨大な天体（原始惑星）が、原始地球をかすめるように衝突したという説です。

この衝突によって生まれた天体の破片と、吹き

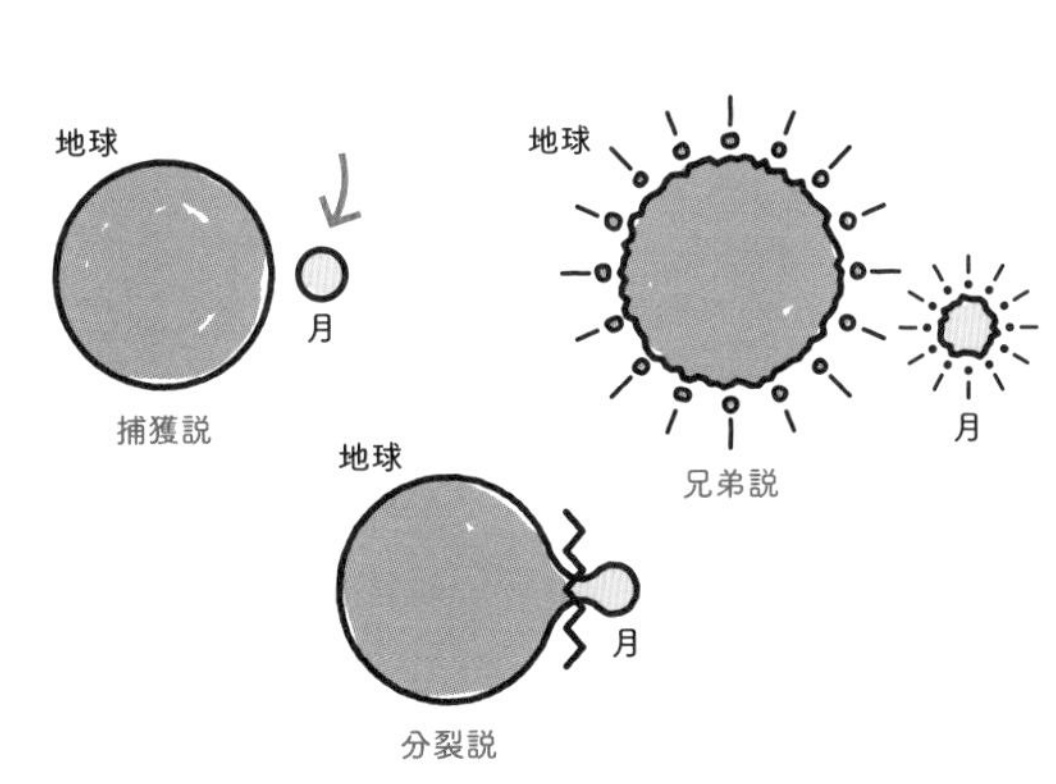

様々な月誕生生説

飛ばされた原始地球の一部が、地球をまわりながら互いの重力で集まることで、月ができたというのです。

この説はコンピューターによるシミュレーションでも再現され、現在では最も有力だと考えられています。


月を眺めるとどこか懐かしいような不思議な気持ちになります。

それはきっと、はるか昔に生きた私の先祖が、月を眺めて物思いにふけった経験が細胞レベルで私に刻まれていて、そんな気持ちにさせているのかもしれません。

14 遠ざかる月

月が地球をまわる軌道は楕円形なので、月と地球の距離は最も離れているときで約40万km、最も近づくときで約36万kmとなります。

そして、月は毎年3cmほど地球から遠ざかっています。これにより、長い目で見れば一日の長さが変化するといった影響があるようです。

実は、月ができたばかりの頃の地球は、一日8時間ほどの速さで自転（地球が地軸を中心にして一回転すること）をしていました。しかし、月が少しずつ遠ざかることで地球の自転速度が遅くなり、現在は一日約24時間の速さに落ち着いています。

地球を横切る月。太陽に照らされる月の裏側が見えている。

月は現在も遠ざかっているので、ずっと先の未来では一日がもっと長くなると考えられています。地球の自転が約47日まで遅くなったとき、つまり一回転するのに47日もかかるようになったとき、月はようやく遠ざかるのをやめて同じ場所にとどまってまわります。

このようになるのは計算上、100億年ほど先のことのようですから、心配には及びませんね。

これまでもこれからも、ずっと月は私たちのそばにいてくれるのです。

月と地球を同時に撮影した写真。木星探査機「ガリレオ」2回目のフライバイより。

月がもしなかったら

月と地球は、互いに引力で引き合っています。この引力と、引き合いながらまわる遠心力によって、海の潮の満ち引きが起こります。

もしも月がなかったとしたら、潮の満ち引きはとても小さなものになってしまうでしょう。そして海だけでなく、地球そのものが今のような生命あふれる惑星にはなり得なかった可能性もあるのです。

では、もし月がなかったら、どのような変化が起きるのでしょうか。

前にご説明したように、月は地球の自転スピードを遅くする役割を持っています。もし月がなかったとしたら、地球は一日8時間という、今の3倍の速さで自転することになってしまいます。

すると地表は風がとても強くなり、天候は大荒れになるでしょう。生命が誕生できたとしても気候は安定せず、今のように豊かな地球は見られなかったはずです。

また、月は、地球の自転軸を約23・4度傾いた状態に保つ働きもあります。この傾きのおかげで、地球に春夏秋冬の四季が生まれているのです。
もし月がなければ、地球の傾きは予測不能な変化を起こし、それによって大規模な気候変動が起こっているかもしれません。

もっと身近なところで考えると、満月の夜は月明かりを感じて少し明るい夜を過ごせますが、月がなければ夜は今よりずっと暗くなるはずです。

月を詠んで楽しんだり、月を眺めて寂しくなったりすることもないのです。
このように、月があるからこそ、私たちは様々な恩恵を受けられ、地球上で穏やかに暮らせているのです。

ガリレオ探査機が撮影した月

16

偶然が起こす天体ショー

みなさんは、日食(にっしょく)を見たことはありますか。

日食は、太陽・月・地球が一直線上に並び、太陽の輝きを月が覆い隠してしまうことで起こります。

月によってどのように太陽が隠されるかで、私たちは「部分（日）食」「皆既(かいき)（日）食」「金環(きんかん)（日）食」という3種類の日食を見ることができます。

ところが、ここで不思議な事実に行き当たります。

日食は、地球から見たときの太陽と月のサイズがほぼ同じだからこそ起こる現象です。しかし、太陽の直径は約139万kmあり、月の約400倍の大きさです。

3種類の日食を撮影した写真

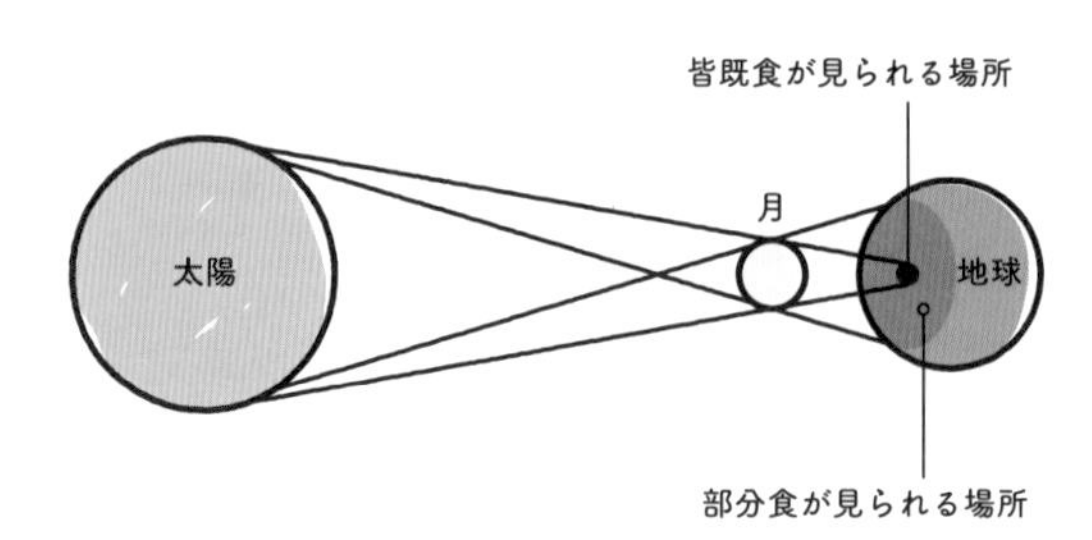

皆既食や部分食が見られるしくみ

では、なぜ月と太陽はほぼ同じ大きさに見えるのでしょうか。

その秘密は、地球からの距離にあります。

実は太陽と地球の距離は、月と地球の距離の約400倍なのです。

だから、太陽の大きさが月の400倍でも、地球から見ればどちらも同じ大きさに見えるのです。

この偶然が、とても不思議でなりません。

17 月での暮らし

地球から月までの平均距離は約38万km。月面に人類最初の一歩を記した「アポロ11号」は、地球を発(た)ってから月に着くまでに4日と6時間かかりました。

月の重力は、地球上の重力の約6分の1。単純に計算すれば、体重60kgの大人が10kgになる計算です。しかし、重い宇宙服を着ているのと、小さすぎる重力のもとでは歩くのは決して楽ではありません。

アポロ計画で月面に降り立った宇宙飛行士の映像では、何かを拾おうとしては簡単にこけてしまう様子なども見られます。宇宙飛行士たちは、月では小さく飛び跳ねるように歩いていたようです。

アポロ11号の月面船外活動中に撮影された、宇宙飛行士の足跡。

また月面には、地球上の砂浜の砂よりもずっと細かい月の砂「レゴリス」があります。この砂は、岩石の粒子や小天体の衝突によって生成したガラスを含む粉末などから成っています。レゴリスは、静電気によって宇宙服や観測機器などにくっつく、少々やっかいな存在でもあります。

さらに、月に太陽の光が当たる昼間の温度は110度まで上がり、一方で日が当たらなくなる夜にはマイナス170度まで下がります。

昼と夜の温度差は約300度。このような温度差ができるのは、月には地球にあるような大気がほとんどないからです。

大気がほとんどないため、月では真昼でも空は真っ暗です。

このように、地球とはまったく異なる環境ですが、いつか人類が月に住むときがくるかもしれません。

18 魅惑的な世界

2022年、NASAの国際宇宙探査計画「アルテミス計画」（2026年以降に月面に人類を送って月での持続的な活動を目指す）の最初のミッション「アルテミスI」が成功しました。

月の軌道には、新たな宇宙ステーションとなる「ゲートウェイ」も建設予定です。日本のJAXAも居住棟の技術提供を担当しています。

さらにNASAはアポロ計画以来、約50年ぶりに月面に人類を送る計画を進めています。

再び月面へと向かう人類ですが、月には一体どのような魅力があるのでしょうか。

まず一つは、エネルギー源として期待される「ヘリウム3」という物質の存在です。

ゲートウェイとゲートウェイ補給機（イメージ）

ヘリウム3は大きなエネルギーを生み出す核融合反応の材料になります。地球上にはほとんどありませんが、月の土壌には数十万tあると推定されています。磁場によって守られている地球とは異なり、磁場の弱い月には太陽から吹き出す太陽風によって大量のヘリウム3が運ばれているのです。

このヘリウム3が1万tあれば、全人類の100年分のエネルギーが賄(まかな)えるとも言われているのです。

ただし、ヘリウム3を取り出すには、大量に月の砂を処理する必要があり、さらに高度な核融合技術も必要なため、実用化はまだずっと先になりそうです。

次に、月面に「巨大望遠鏡」を作る計画があります。

月には大気がないので、星の光が途中で吸収されたり散乱されたりせずに届き、地球よりも観察がしやすいのです。

また、月の裏側は地球からの人工的な電波が届かないので、電波望遠鏡を建設するのに理想的な場所のようです。

そして、月での暮らしを考えたときには、月にはアルミニウム、チタン、鉄などが豊富にあり、月面で利用できれば様々な素材を現地調達することが可能です。

さらに、月の南極や北極には、「永久影(えいきゅうかげ)」と言われる場所があり、そこには水が氷として地下にあるのではないかと考えられています。

そのため、現在世界中で月面での水探査の計画が進められています。生物が生きていくには欠かせない水ですが、月面で水が豊富に発見されれば、月面基地への大きな一歩になりそうです。

課題を一つ一つ確実にクリアしていけば、月面基地の建設は十分に実現可能だと言います。

月で暮らす未来は、それほど遠くはないのかもしれません。

JAXAによる月面基地の想像図

Column

2

好きな星と好きなこと

私が最も好きな星は、「オリオン座の三ツ星」です。一直線に並んで明るく、見つけやすいのも理由の一つです。

昔から航海の道しるべにされてきたことや、星の三つの並びがちょうどギザのピラミッドと同じ並びになっているという話を聞いて、いっそう好きになりました。

オリオン座を見上げるとき、私と同じように、古代の人々もあの三ツ星を眺めていたんだな……、どんな気持ちで見ていたんだろうか……と、時を超えて思いを巡らせる瞬間がたまらなく好きです。

最近は時間ができると、気分転換によく散歩をしています。

先日は同じく街歩きが好きな友人と京都へ旅行に出かけ、気づいたら20㎞近く歩いていました。

南禅寺や哲学の道辺りを歩いていたのですが、大通りから一本入るだけですごく静かな通りが現れたり、こだわりがありそうなお洒落なカフェを見つけられたり、すごくいい場所でした。

第3章

太陽

19 巨大すぎる存在

私たち人類の暮らしに多大な影響を与えている太陽。

太陽は地球から1億5000万㎞の場所に位置しており、これは時速300㎞の新幹線で約60年かかる距離です。

私たちが普段太陽を見る場合、肉眼だとその大きさは月とさほど変わらないように見えます。ですが、太陽と地球を見比べるとその大きさの差は歴然。地球をビー玉だとすれば、太陽は直径1mの球体と同じくらいの大きさです。

実は太陽は、地球のような岩石からできているのではなく、熱いガスからできています。球の体積を求める公式は4/3×半径×半径×半径×円周率であることから、球の直径を100倍にした場合、その体積は100万倍になります。ところが、ガスの密度は低いため、太陽の直径は地球の約109倍なのに対して、質量は地球の約33万倍にしかなりません。しかし、これだけの質量を持つ天体は太陽系では太陽だけです。

地球やその他の惑星から成る太陽系の中心に太陽は位置し、太陽は、太陽系全体の質量の99・87％を占めています。太陽以外の天体の質量をすべて合わせても太陽の100分の1に満たないほど、太陽は圧倒的な存在なのです。

水星や金星、火星といった惑星だけでなく、小天体や惑星と惑星の間に存在する粒子さえも、太陽の巨大な重力に支配され、太陽の周りをまわり続けています。

また、太陽から吹き出す太陽風は地球を通り過ぎて、太陽から150億km離れた辺りまで吹き渡ります。太陽系最遠の惑星の海王星までが45億kmですので、太陽風は太陽系の惑星を丸々包み込んでいるということになります。

実はこの太陽風は宇宙を飛び交う高エネルギーな銀河宇宙線を遮り、私たちを守ってくれているのです。

太陽は太陽系の惑星を包み込む母のような存在です。

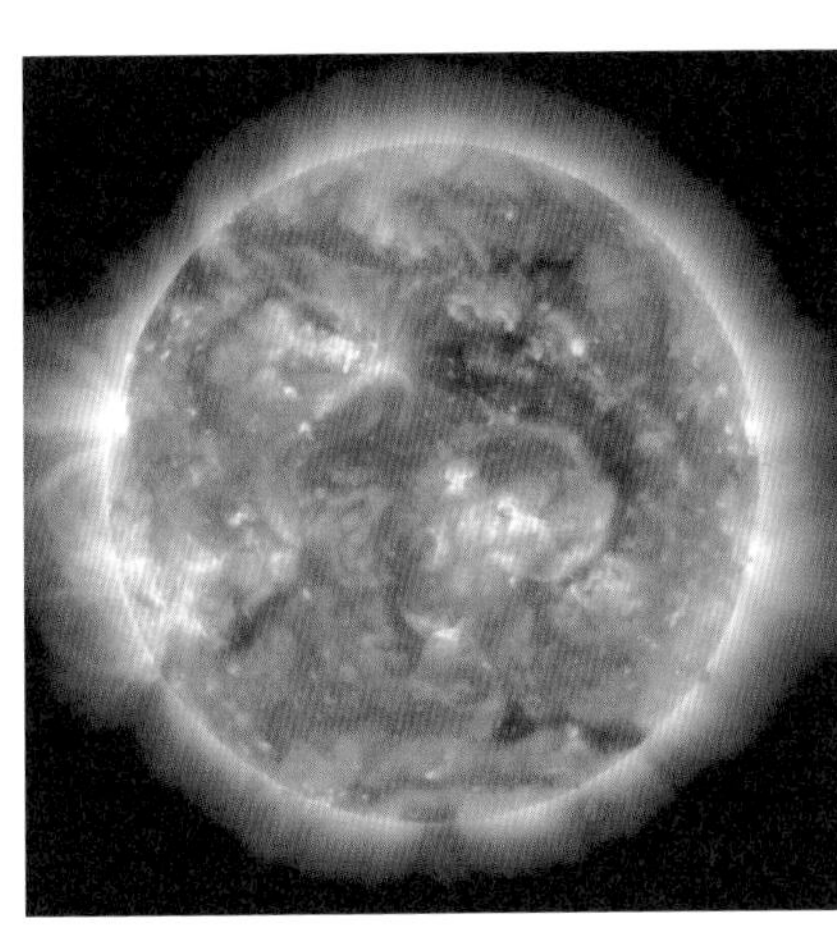

太陽を撮影した写真

20 太陽の観察

今回は太陽をより詳しく観察していきましょう。

皆既食のときに太陽を見ると、その周りに淡く光るガスのような輝きが見えます。これは「コロナ」と呼ばれ、温度は100万度と言われています。

また太陽の表面は「光球（こうきゅう）」と呼ばれる、厚さ約400㎞の層で覆われていて、温度は6000度です。

このような天体に、人類は近づくことさえできませんが、その大きさや明るさ、表面の振動を観測することで、太陽内部の様子を知ることができます。

太陽の中心では、四つの水素原子核が激

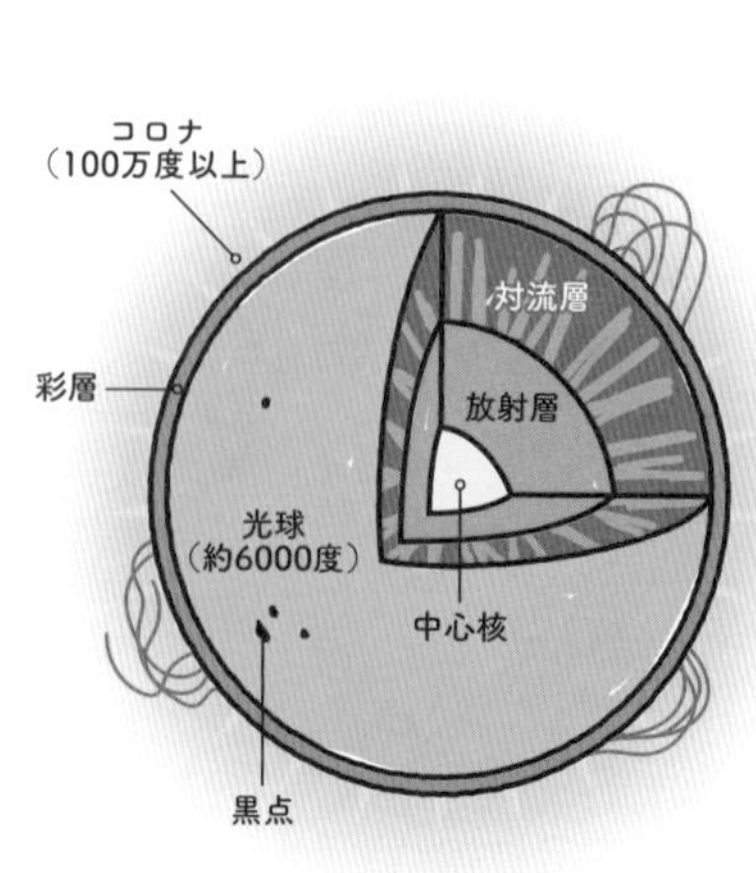

太陽の構造を示した図

しくぶつかり合ってヘリウム原子核になり、その核融合反応によってエネルギーが生み出されています。太陽の中心核の直径は約20万km、温度は１６００万度にもなると考えられています。

この中心核での核融合こそが、太陽が誕生してから46億年間、ずっと輝き続けてきた太陽のエネルギー源です。

中心核で生まれたエネルギーは、太陽内部の厚さ40万kmの放射層と、同じく20万kmの対流層へと伝わっていきます。

太陽の表面の光球では、高温のガスが上昇したり、下降したりすることによってできた「粒状斑（りゅうじょうはん）」という模様を見ることができます。

このようにして太陽のエネルギーは、中心から太陽の表面の光球へとおよそ数十万年かけて通り抜けていきます。

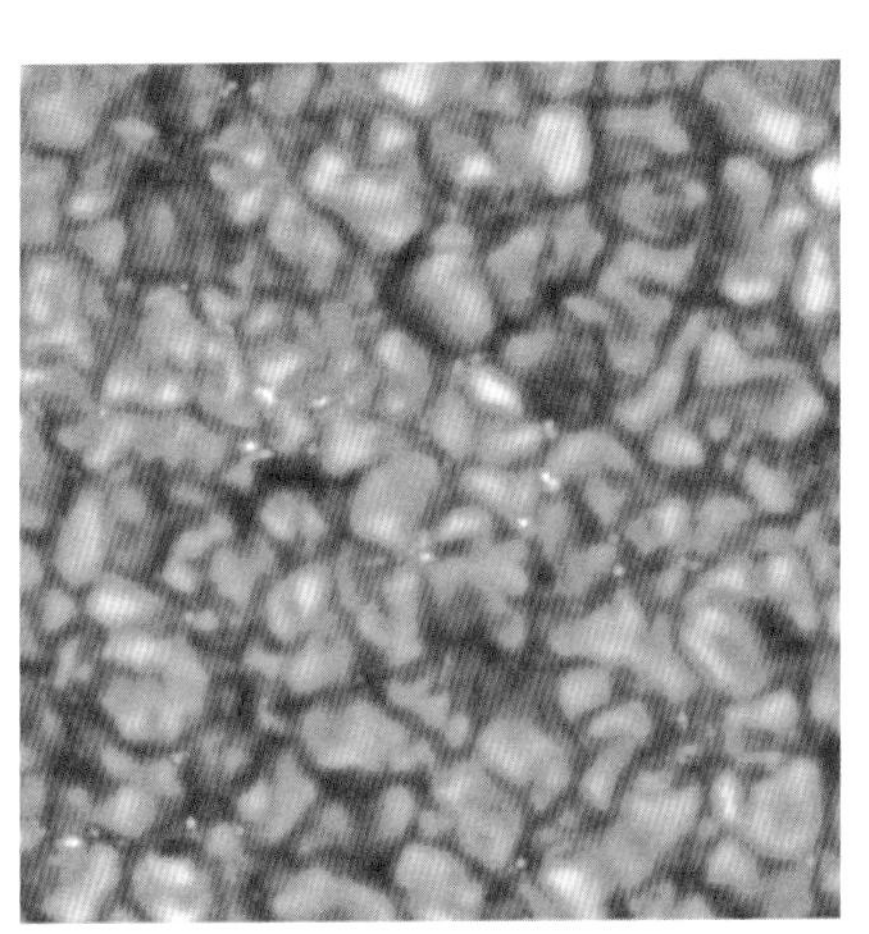

「ひので」衛星が捉えた太陽表面の「粒状斑」。太陽には模様がないように見えるが、拡大するとこのような細胞状の構造が見られる。

そして、内側から出てきた光や熱によって、太陽は真っ赤に燃えているように見えるのです。

太陽から放たれたエネルギーは宇宙空間へと放出されます。そのエネルギーのうち地球に届いているのは、たったの20億分の１程度にすぎないと言われています。

太陽の莫大なエネルギーには驚かされるばかりです。

2017年8月にオレゴン州で見られた皆既食。
周りに白く輝いているのが、太陽のコロナ。

21 常に爆発している

太陽の表面には、「黒点(こくてん)」という黒い点が存在します。黒点は強い磁場を持つ場所であり、その強さは地球の磁場の数千～一万倍にもなります。

この黒点では強力な磁力が働くため、太陽の表面から出てくる熱や光が妨げられ、他の表面よりも温度が低く、約4000度です。

太陽の活動が強くなると黒点の数は多くなり、逆に活動が弱くなると黒点の数は少なくなります。このことから、太陽の活動は約11年周期で強弱のリズムを繰り返していることが分かっています。

黒点付近で磁力線がよじれて磁力の輪が切れると、高温のプラズマが飛び出し爆発現象が起こり

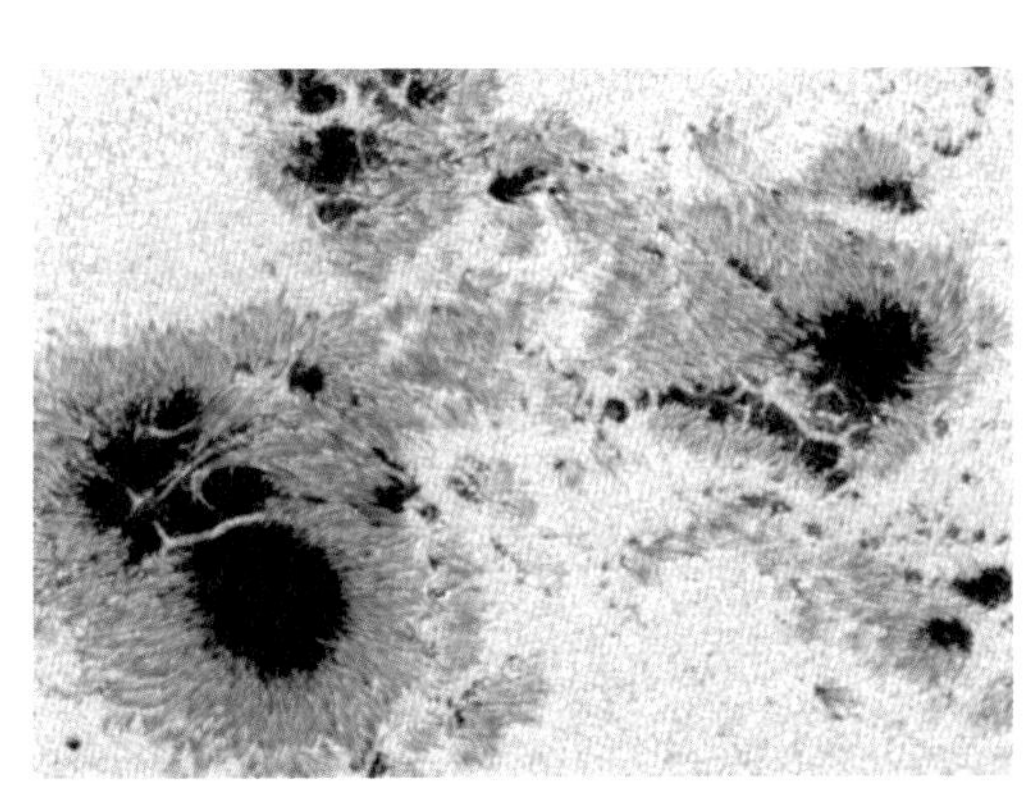

太陽の黒点

ます。この現象は、その形が火炎のように見えることから「フレア」と名付けられました。その爆発の威力は、水素爆弾10万～1億個に匹敵すると言われます。

そしてフレアは、X線やガンマ線、そのほかに電気を帯びた高エネルギー粒子を大量に宇宙空間に放出します。

この粒子たちが地球に到達すると、地球の磁場が乱されて磁気嵐が発生します。過去にはフレアによって通信障害が起きたり、発電所の送電システムがダウンしたり、大規模な停電が起こったこともありました。

またフレアによって、地球で見られるオーロラの規模も大きくなります。

常に爆発を繰り返し、膨大なエネルギーを持って遠く離れた場所から地球を照らす太陽。

そう考えると、私たちのもとに優しく届く陽の光が、いっそう愛おしく、不思議で温かい気持ちになります。

明るく輝くループが磁力線。その根元に黒点がある。

22 ありふれた存在

太陽系をその重力で支配する太陽は、私たちにとって特別な星です。

ですが、天の川銀河には太陽のような恒星が2000億個もあると考えられていて、太陽は決して特別な星ではないのです。

太陽系で絶対的な太陽でさえ、宇宙全体で見ると、ごく平均的な星にすぎないことを考えると、改めて宇宙の可能性は計り知れないと感じます。

では、そんな太陽は、一体どのようにして生まれたのでしょうか。

46億年ほど前に、天の川銀河で「超新星爆発」を起こした星がありました。

超新星爆発は、巨大な星の一生の最後に起こる大爆発で、太陽はこれをきっかけに誕生したと考えられています。

この爆発で宇宙空間には水素やヘリウムなどのガスが圧縮されて、それが分子雲(ぶんしうん)と

呼ばれる星雲を作りました。

その分子雲の中でも、特に密度の高い「分子雲コア」がいくつも生まれて、自らの重力で周囲のガスを引き寄せて収縮し、「原始星」ができました。

原始星は、やがて中心部の密度が高まり、核融合が起こるようになります。そして中心の温度が1000万度以上の高温になると、そのエネルギーをもとに明るく輝き出すことになりました。このようにして太陽はできたと考えられています。


天の川銀河で、星が盛んに誕生したのは今から100億年前のことでした。

太陽は、そのピークから少し遅れて誕生したので、天の川銀河の恒星たちの中ではまだ若い星のようです。

カリーナ星雲の中の「分子雲」。このような分子雲の中で新しい星が生まれる。

23

太陽の最期

毎日、当たり前のように私たちに朝を届けてくれる太陽ですが、その存在は決して永遠ではありません。なぜなら太陽は、今も着々と死へと向かっているからです。

今から46億年前、宇宙空間を漂うガスが集まり、太陽が生まれました。誕生したばかりの太陽は、今と比べて70％程度の明るさしかありませんでした。そこから46億年の時間をかけて、ゆっくりと輝きを増し、今の明るさになったのです。

太陽のように水素の核融合反応によって安定して輝く星を「主系列星（しゅけいれっせい）」といい、その質量から、太陽の寿命は約100億～120億年と考えられています。

それでは、太陽は最期を迎えるまで、どのような一生を辿（たど）るのでしょうか。

太陽は約60億年後には、中心部の水素を使い果たしてしまうと考えられています。すると、エネルギーを生み出している中心の核融合が止まり、外側の核融合だけが続いていきます。膨張と収縮を繰り返し、力のバランスを失った太陽は、どんどんと膨らんでいきます。その結果、表面の温度が下がって赤くなり、「赤色巨星」と呼ばれる恒星の状態になっていきます。

この状態になると、膨張した太陽によって、水星と金星はのみ込まれてしまいます。約80億年後には、太陽は地球のある場所まで膨張すると考えられています。このとき、ついに地球は太陽にのみ込まれてしまうか、ギリギリのみ込まれずに踏みとどまっても、灼熱の世界になって生命は生きられなくなるでしょう。

その後、太陽はさらに不安定になり、膨張と収縮を繰り返しながら、外側のガスを宇宙空間に吐き出していきます。

太陽自身の大きさは、地球程度まで小さくなり、「白色矮星」と呼ばれる白い星となります。やがて表面温度は1万度を超え、紫外線を大量に放出して、吐き出したガスを明るく照らし、「惑星状星雲」と呼ばれる状態になるのです。

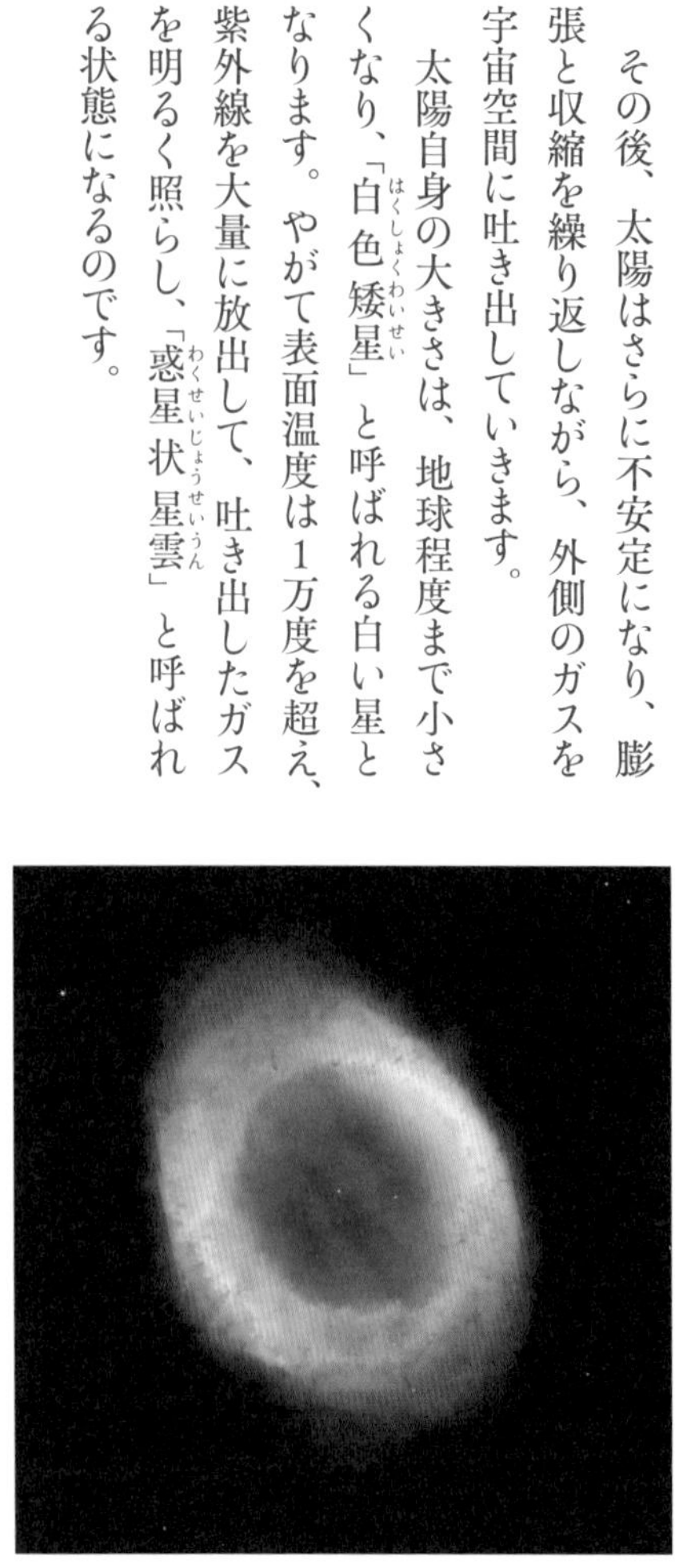

惑星状星雲。死にゆく星と吐き出されたガス。

実は宇宙空間では、未来の太陽のように最期を迎えたと思われる惑星状星雲がたくさん存在しています。

太陽のような星の死は、宇宙ではありふれた出来事の一つのようです。

私たちの知りもしないはるか遠くで、膨張する星によって地球のようにのみ込まれてしまった惑星がたくさんあるのかもしれません。

宇宙を旅する太陽

地球は自転しながら、太陽の周りを秒速29・8㎞の速さでまわっています。
太陽を中心とした太陽系は「天の川銀河」の中心から約2万8000光年の距離にありますが、実は太陽系自体もまた、銀河の中心を秒速約240㎞でまわっているのです。

普段の生活の中で、地球が太陽の周りを、太陽系が天の川銀河の中心を、猛烈なスピードでまわっていることを感じることはできません。

しかし、夜空に浮かぶ「天の川」を見れば、確かに地球が太陽の周りをまわっており、そして天の川銀河の中にいるという事実を知ることができます。

天の川が夜空に明るく輝くのは、夏から初秋にかけてです。

銀河系の中心方向は、光り輝く多くの恒星が密集しています。日本がある地球の北半球が「夏」のとき、地球の夜側は天の川銀河の中心方向を向きます。すると、多くの星の集まりを見ることができるので、夏の「天の川」は明るく輝いて見えます。

反対に、「冬」は星が少ない天の川銀河の外側方向を見ることになるので、天の川を見つけることは難しくなります。

つまり、夜空に見られる天の川は、地球にいる私たちから見た天の川銀河の断面の姿なのです。

天の川とさそり座

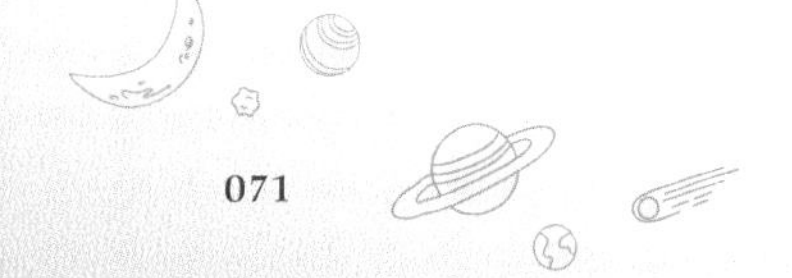

太陽に触りたい

これまでお話ししたとおり、太陽のそばに近づくことは不可能に思えます。ですが、「太陽に触れる」というミッションで、2018年に太陽探査機「パーカー・ソーラー・プローブ」は打ち上げられました。約7年かけて、太陽の周りを24周しながら太陽について調べるという計画です。

そして、2021年に史上初めて、太陽の「コロナ」に突入しました。

この探査の目的は、太陽の磁場の構造やコロナと太陽風の加速の関係などを解き明かすことです。

太陽が地球に及ぼす影響であったり、宇宙の天気を予測する鍵であったり、実に様々なことが新しく発見されるかもしれません。

なお、太陽の大気上層部にあるコロナの温度は、100万度以上に達します。

この過酷な条件の中を探査機が生き延びられるのは、最先端の熱工学によるものです。

この太陽探査機の名前は、現代の「太陽研究の先駆者」でもある故ユージン・N・パーカー博士にちなんで名付けられました。

2018年当時の打ち上げをパーカー博士自身も目撃し、自分の名前が付いた宇宙船の打ち上げを初めて目撃した人物となったのです。

自分の名前が付いた探査機が打ち上がると、どんな気持ちになるのでしょうか。想像もつきませんが、きっと代えがたい高揚感に包まれていたにちがいありません。

パーカー・ソーラー・プローブの打ち上げ（2018年）

太陽系はどこまで続いているのか

そもそも太陽系とは何でしょうか。

太陽系とは一言で、「太陽とその周りをまわる天体によって構成される系」です。

つまり、水星、金星、地球、火星、木星、土星、天王星、そして海王星の八つの惑星。

そして、これらの惑星の周囲をまわる衛星たち。さらに、小惑星、彗星、惑星間のチリやダストなどもすべて太陽系に含まれるのです。

それでは、太陽系は一体どこまで広がっているのでしょうか。

太陽系の惑星のうち一番外側をまわる海王星は、地球と太陽間の距離の約30倍のところをまわっています。

さらにその外側には、冥王星や太陽系外縁天体（がいえんてんたい）と呼ばれる天体がまわっています。

なかでも一番遠いものは、地球と太陽間の距離の１００倍よりも遠いところにあることが分かっています。

太陽から噴き出した太陽風はだいたいこの範囲で、衝撃波を形成して行き止まりになります。ここまで外向きに吹いてきた太陽風が、恒星の間を漂う星間物質と衝突し、速度がガクンと落ちてしまうのです。

しかし、これが太陽系の果てというわけではないようです。実際、多くの彗星が今もその外側からやってきていて、太陽系の影響範囲は広がっているのです。

彗星たちの多くは、球状の雲のように分布した「オールトの雲」からやってきます。その範囲は、地球と太陽の距離の数万倍も広がっています。

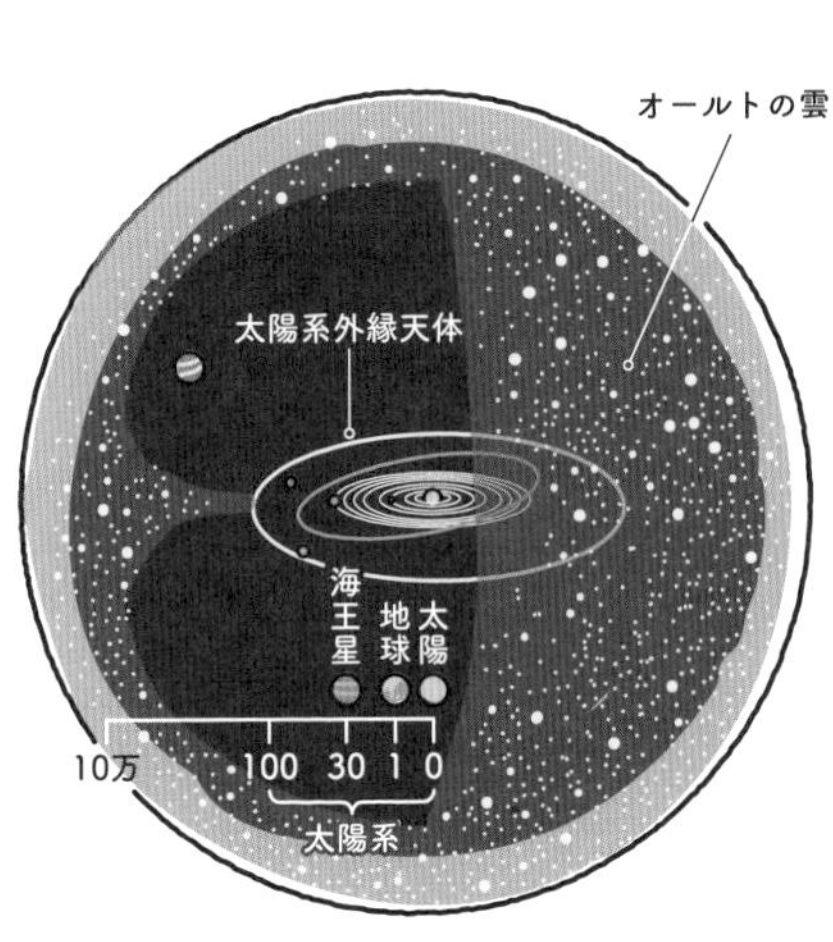

太陽系の距離とオールトの雲
(名古屋大学宇宙地球環境研究所「新・惑星50のなぜ＋3」出典)

Column 3

動画作り

YouTubeはすべて一人で制作しています。それまで動画編集自体やったことがなく、初めは自分の声を録音したり、映像を編集したりするだけで本当に大変でした。

チャンネル開設当初は、週1で投稿を続けようと徹夜しながら必死に動画作りに明け暮れていました。その頃は、本業が終わってからの時間はすべて動画編集に費やし、休日も動画作り一色の生活でした。背中を痛めて病院に行ったことがあるほどです。

最近は動画制作に費やせる時間が減ってしまい、ゆっくり投稿になっていますが、可能な限り毎日2時間は「宇宙の時間」をとりたいと思っています。その時間で情報収集をしたり、編集をしたりしながら一本の動画を作り上げていきます。

宇宙について調べだすと本当に楽しくて、「あれもこれも動画に載せたい！」「ここも調べたからには、あそこも調べたい！」という感じで、どんどん内容が深入りしていくので、一本の動画は20分前後と長めです。

それでも最後まで見てくださる方がたくさんいて感想も頂けたりすると、一生懸命作った甲斐があったなあ……といつも大きなやりがいを感じています。

第4章 惑星

謎多き水星

太陽系の惑星の中で、太陽の最も近くをまわる「水星（すいせい）」。そのため、太陽の光が当たる昼間は400度を超え、まさしく灼熱の惑星です。

水星は他の惑星と比べて、地球からの距離が近いので身近なイメージがありますが、実は観測するのが難しい惑星でもあります。

なぜなら、水星は地球よりも太陽に近い軌道をまわるため、地球が太陽を背にした夜のときは地球の裏側に水星が位置することになるので、私たちは観測に適した夜に水星を見ることができないからです。水星を見られるのは、太陽が沈んだ直後や日の出直前の短い時間だけです。とても観測が難しいために、他の惑星に比べて、長い間謎の多い惑星でした。

1973年には初の惑星探査機「マリナー10号」が打ち上げられましたが、水星への到達は他の惑星よりも、段違いに難しいものでした。

その原因はやはり太陽です。水星に向かうということは、同時に太陽にも近づくということ。強い日光や熱、強力な重力が探査機を襲います。

太陽の重力はすさまじく、探査機はまるで坂を転げ落ちるように加速してしまいます。そのため、逆噴射で急ブレーキをかけて減速しなければ、水星の軌道に入ることができず、膨大なエネルギーが必要になるのです。このような理由から、これまで水星を訪れた探査機は「マリナー10号」と2004年に打ち上げられた「メッセンジャー」の2機だけです。

水星の昼の表面温度は430度にも達し、逆に夜には熱が宇宙空間に逃げるためにマイナス170度まで冷えてしまいます。これは地球と比べて、水星の重力が小さいがために、大気が留まることなくほとんど逃げてしまうのが原因です。昼と夜の温度差が600度もある過酷な環境なのです。

まだまだ謎の多い水星。

宇宙の魅力をいっそう膨らませてくれます。

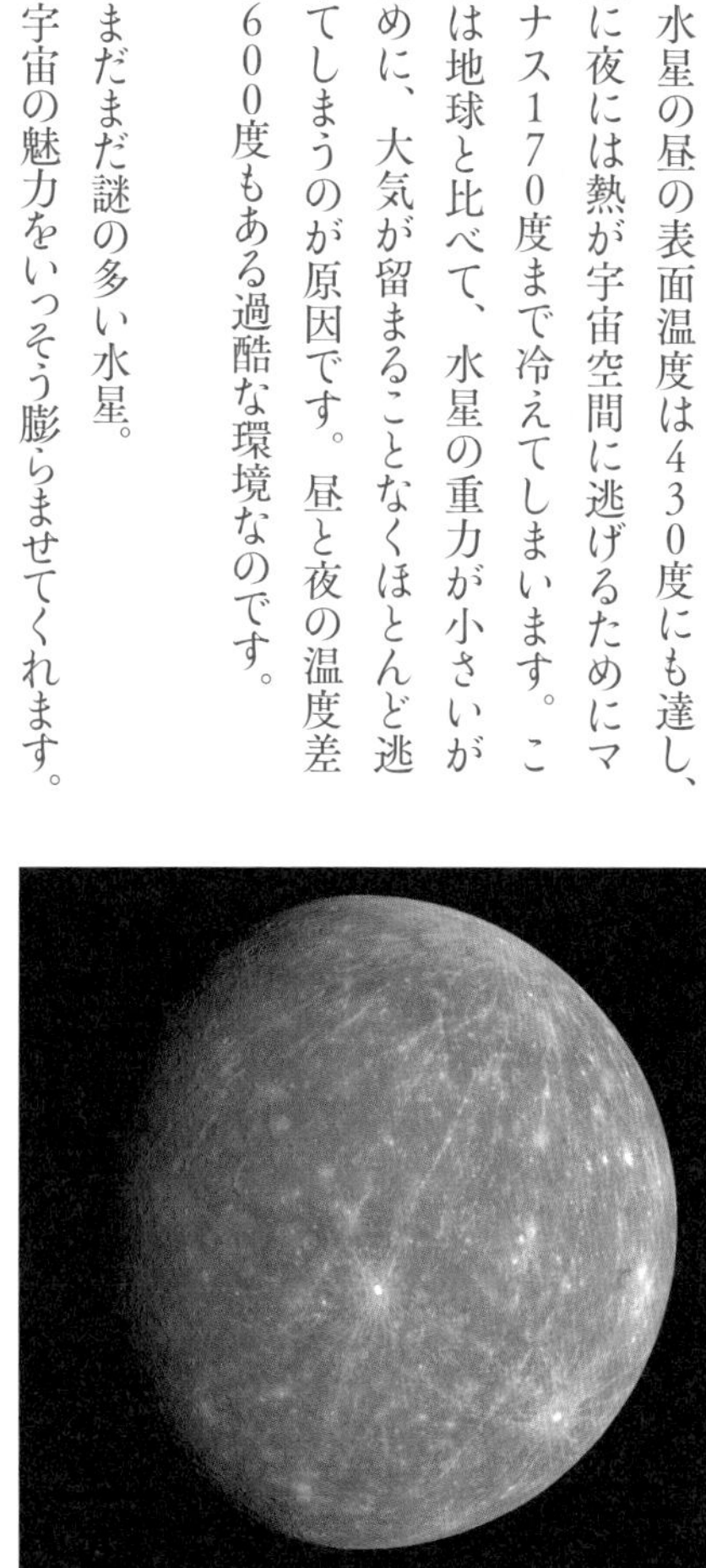

メッセンジャーが撮影した水星

光る尾

実は水星には、非常に薄い大気も存在します。大気からは水素、ヘリウム、酸素、ナトリウムなどが検出されています。このナトリウムの大気があることで、地球のオーロラの100倍以上の明るさで輝く、「光る尾」ができます。

この光る尾は2001年に発見されましたが、そもそもなぜナトリウムを含む大気が生成されるのか、その詳しいメカニズムはまだ分かっていません。

太陽に近く、灼熱の惑星でありながら、揮発（液体が気体になる）しやすい物質が多くあることから、水星は太陽から離れた場所で誕生し、その後何らかの原因で今の場所に移動してきたのではないかとも考えられています。

また、「マリナー10号」の調査によって、水星には地球と同じように磁場があることが分かりました。これは地球同様、内部ではドロドロに溶けた核が対流し、今も活動をしている天体だからと考えられます。

ほかにも、水星では地殻変動によってできた地形やたくさんのクレーター、火山活動後の溶岩が広がった跡なども確認することができます。

最近では探査機によって、予想以上の発見が次々とされてきた水星ですが、さらに謎を解き明かすべく、水星探査計画「ベピコロンボ」が新たに始まっています。

「ベピコロンボ」はＪＡＸＡと欧州宇宙機関（ＥＳＡ）共同のプロジェクトで、２０１８年に打ち上げられ、２０２５年に観測が始まる予定です。

これまで何十万枚もの画像を送ってくれたＮＡＳＡの探査機「メッセンジャー」は燃料を使い果たし、２０１５年５月、水星表面に落下して終わりを迎えました。その際、時速１万４０００㎞の速さで落下し、直径16ｍのクレーターを作ったと考えられています。

メッセンジャーと水星のイメージ図

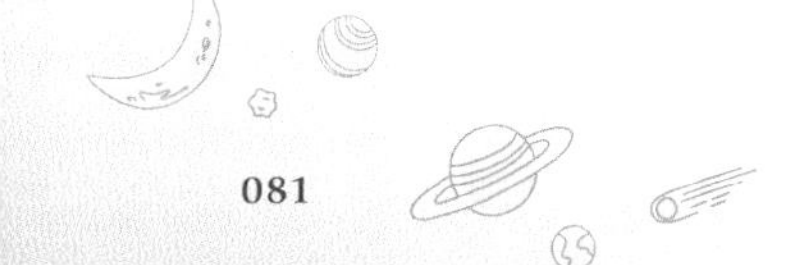

光り輝く金星

地球とほぼ同じ構造を持つ惑星「金星（きんせい）」。

金星は、太陽系の惑星の中で最も明るく輝くことでも有名です。

日の入り後に西の空で光り輝く金星は「宵の明星（よいのみょうじょう）」、そして日の出前に東の空で輝く金星は「明けの明星」と呼ばれ、古くより親しまれてきました。


太陽系の惑星は、太陽を中心に水星、金星、地球の順でまわっています。金星は地球の内側をまわっていて、地球と同じく硬い地面を持っています。

また、中心に鉄やニッケルから成る核があり、その周りをマントルが包み込んで、まるで卵の殻のような地殻があるところも地球と似ています。


金星はすっぽりと分厚い雲に覆われていて、金星本体の姿を見ることはできません。分厚い雲の下は、光がほとんど届かずに薄暗く、その大気は96％が二酸化炭素で、硫酸の雲が金星全体を覆っているのです。この硫酸の雲が太陽の光を反射するため、金星は輝いて見えます。

また、金星の大気の二酸化炭素には熱を吸収し、気温を上昇させる特徴があります。そのため金星の表面温度は400度以上の灼熱で、気圧も地球の90倍という信じられないほどに高温・高圧の世界です。

もしかするとそこは、温暖化の究極の姿なのかもしれません。

そのほか、大気の上部では秒速100mにもなる超高速の風が吹いています。なぜこのような強風が吹いているかは、日本の金星探査機「あかつき」によって少しずつ明らかになりつつあります。

金星や水星の過酷な環境を知れば知るほど、地球の豊かな環境が不思議でならないのです。

マリナー10号が撮影した金星

地球との分かれ道

金星と地球は、ほぼ同じ大きさと密度を持っています。そのため「双子の惑星」と呼ばれてきました。

しかし、地球には海があり、生命が存在するのに適した温度に保たれている一方で、金星は灼熱で、生物が住むのに適した環境ではありません。

二つの惑星は、どうしてこれほどまでに異なる環境になったのでしょうか。

そこには、太陽からの距離が関係しています。金星は地球よりも４２００万㎞ほど太陽に近く、この差が二つの惑星の分かれ道となりました。

誕生したばかりの頃、金星も地球もどちらも惑星全体がドロドロに溶けたマグマオーシャン（マグマの海）の状態でした。そしてどちらの惑星にも、大気中には水蒸気の状態で水が存在していました。

しかし、太陽と距離が近い金星では、あまりの高温により水蒸気が液体の水になれなかったと考えられています。

一方で、地球では液体状態で水が存在することができ、海ができました。また、金星にも存在した二酸化炭素の大気が海に溶け込むことで、今のような生命豊かな環境になったのです。

金星の表面温度は４００度以上、気圧も地球の90倍と高圧ですが、地面に着陸することなく、上空から電波を使うことで表面の地形を調査することができます。

１９８９年に打ち上げられた探査機「マゼラン」は、このような方法で金星の地形のほぼすべてを調べ上げました。その結果、標高１万ｍ以上の山や大きな火山、さらには大陸といった、地球と似た地形が存在していることが分かりました。

また、巨大隕石衝突の跡や地滑りが起こった様子なども観測されています。

これほどまでに地球と似た地形を持つ金星ですが、その過酷な環境のため、人類が住むことはできそうにありません。

マゼラン探査機が確認した、金星の火山。

青い夕焼け

現在、人類は気候変動や小惑星の衝突、人口爆発などたくさんの問題を抱えていて、いずれ地球に住むことができなくなるかもしれません。

そこで、世界中の研究機関や企業が、「火星（かせい）」移住に向けて様々なチャレンジを行っています。もしかすると、私たちの第二の故郷になるかもしれない火星ですが、一体どのような場所なのでしょうか。

火星は、太陽を中心として地球の外側をまわっています。

その直径は地球の半分程度、質量は地球の10分の1程度しかなく、小さな惑星です。

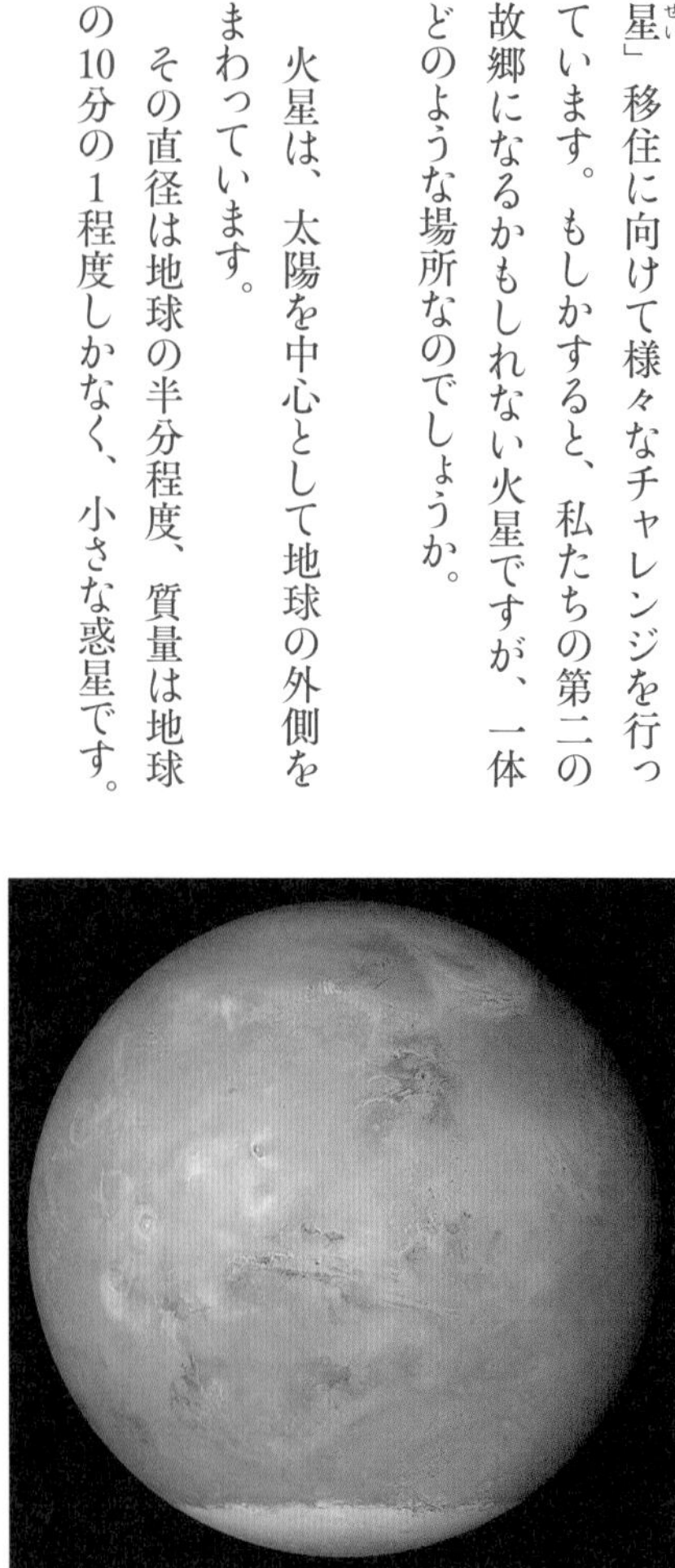

火星

火星といえば赤色のイメージがあるかと思いますが、その理由は赤さび（酸化鉄）を含んだ土や岩で覆われているからです。

また大気が薄く、ダストが多く漂っています。このダストの大きさが赤色を散乱する効率が高いため、赤色の光が散乱されやすく空が赤っぽく見えます。

火星の青い夕焼け

その一方で、夕方になると一転、赤色だった空は青色へと変化します。これは夕方になると赤色の散乱が増えすぎて見えなくなり、逆にほどよく散乱する青色の光が残るようになるからです。

そのため火星の夕暮れには、青っぽい空が広がるのです。地球の空の変化と逆です。

これまでにいくつもの探査機が着陸し、景色や地形なども明らかになってきている火星。

いつか、月か火星かで移住先を悩む、なんて日がくるかもしれません。

32 かつて海があった

火星と地球は似ているところがあります。

まず、火星の自転軸は25度ほど傾いていて、地球と同じように四季があります。

ただし、四季といっても、火星の冬は平均マイナス90度、夏は0度という極寒の世界です。

火星の北極と南極には白い「極冠（きょっかん）」と呼ばれる場所があり、極冠は主に二酸化炭素が凍って固体となったドライアイスからできています。

春から夏に向かうにつれて北極の極冠は小さくなり、南極のほうが大きくなります。

また秋になると北極に黄色い砂嵐が発生して、しばしば火星全体を包み込み、冬の間には消滅していく姿も見られます。

火星と地球の類似点はほかにもあります。

火星の地形や標高を細かく調べたところ、水が流れてできたと考えられる場所や、水の底でできたと考えられる岩石が発見されたのです。つまり、かつての火星の北半球には地表を覆う海があったと考えられています。

もしかすると、火星には何らかの生命が存在していたかもしれません。

しかし、海の一部は30億年前までに氷となって地下に取り込まれてしまい、そのほかは宇宙空間に飛散してしまったと考えられています。

人類移住の候補先として研究が進められている火星。地下には氷があったり、冬には雪が降ったりすることもあると考えられています。

さらには過去に生命も生まれていたかもしれないなんて、ワクワクがとまりません。

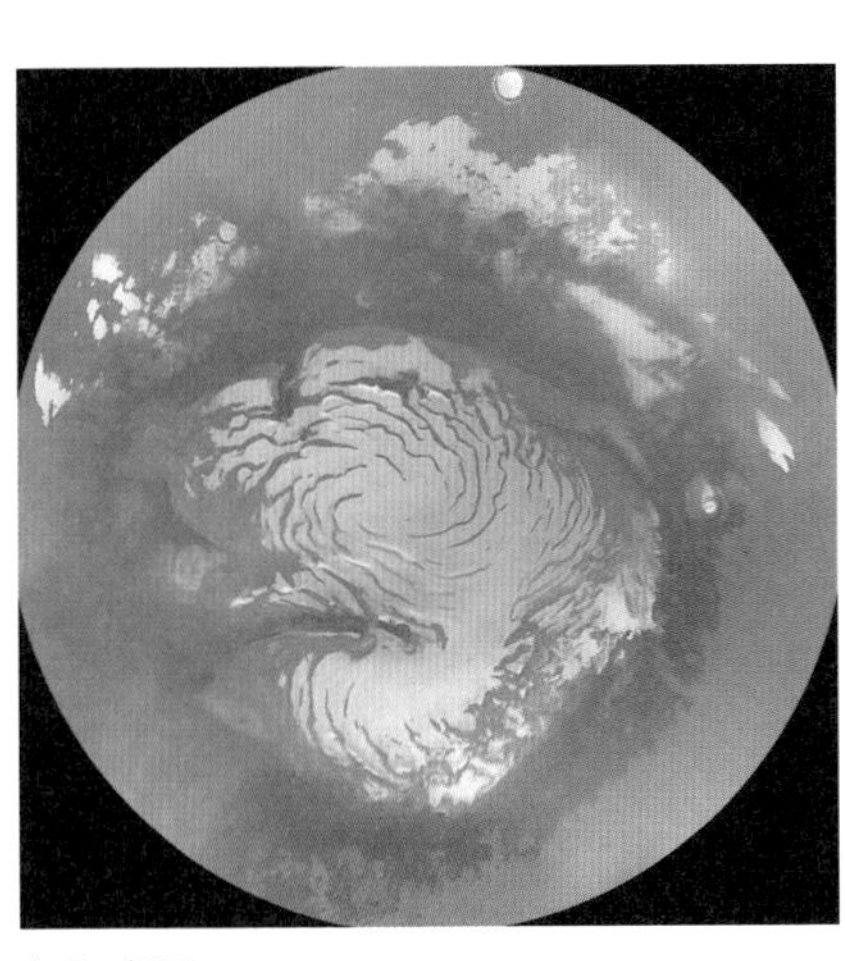

火星の極冠

33 無数の小惑星

2003年に打ち上げられた小惑星探査機「はやぶさ」は、小惑星「イトカワ」に着陸してサンプルを取得し、2010年に地球に無事帰還しました。

さらに、2019年には「はやぶさ2」が小惑星「リュウグウ」のサンプルの採取に成功。このサンプルは、太陽系が生まれた当時、どのような現象が起きていたのかを詳しく教えてくれる手掛かりになるそうです。

さて、「小惑星」とは一体、どのようなものなのでしょうか。

小惑星とは英語で「アステロイド（asteroid）」と言い、「星に似たもの」という意味です。これは発見された当時、小惑星が恒星のように見えていたことに由来します。

ほとんどの小惑星の形は、地球のような丸い形ではなく、いびつな形をしています。

1801年、イタリア人のピアッツィによって、最初に発見された小惑星が、「ケレス（Ceres）」といわれる小惑星です。

その後、観測技術が進歩したことで、現在は100万個を超える小惑星が見つかっています。小惑星の多くは、火星と木星の間にある「アステロイドベルト（小惑星帯）」に存在します。なぜこの領域に多く存在するのかは、いまだに解明されていません。

小惑星の中には、この小惑星帯からはずれ、地球に近い場所に存在するものもあります。「イトカワ」や「リュウグウ」もそのうちの一つです。このような小惑星たちは探査しやすい面もありますが、その反面、将来地球に衝突する危険も秘めています。

実際、2013年には小惑星が地球に衝突し、ロシア中部の都市で巨大な火の玉が突如現れ、衝撃が人々を襲ったのです。

小惑星といえば、映画で描かれることも多く、誰もが一度は「もし地球に衝突したら」と想像したことがあるかと思います。

こういった衝突を防ぐために、多数の宇宙科学者たちによって、小惑星の軌道計算で危険な小惑星の早期発見を試みたり、回避方法を探したりする研究が続けられています。

100 m

探査機「はやぶさ」によって撮影されたイトカワ

嵐が吹き荒れる木星

太陽系最大の惑星「木星(もくせい)」。

その質量は地球の約318倍、直径は11倍にもなります。それだけの大きさがあるにもかかわらず、自転の速度は太陽系で一番速く、木星の一日はたったの9時間半です。

地球から木星までの距離は、互いが近づいたときで約6億㎞、最も離れたときで約9億㎞あります。

木星へ行くには、最も近づいたときでも時速300㎞の新幹線で約230年かかる計算です。

その構造は、93%が水素、7%がヘリウムから成り、ほとんどがガスでできています。

また、木星の表面に見えているしま模様の雲は、主にアンモニアやメタンでできていて、暗くて黒っぽい部分を「しま」、明るくて白っぽい部分を「帯(おび)」と呼びます。

この「しま」と「帯」はそれぞれ反対方向に動く東西の風、またはジェット気流によって隔てられています。

木星は9時間半で一回転という超高速回転をしています。そのため、木星の表面では東西に時速500㎞以上の強風が吹き荒れ、雲の形は常に変化しています。

木星を捉えた写真からは、ひときわ目立つオレンジ色の丸い箇所があるのが分かります。これは「大赤斑（だいせきはん）」と呼ばれる巨大な嵐です。その大きさは地球1~2個分にもなり、300年以上は変わらず存在し続けていると考えられています。

この嵐は、反時計回りにまわっていて、秒速は速い場所で350mにもなります。そのパワーは、地球上で起こってきたどの嵐よりも強力なものです。

しかし、この嵐がどのように発生したのか、構造はどのようになっているのか詳しいことは解明されていません。

ハッブル宇宙望遠鏡が撮影した木星。右下に見えるオレンジ色の丸い場所が「大赤斑」。真上にはオーロラが見える。

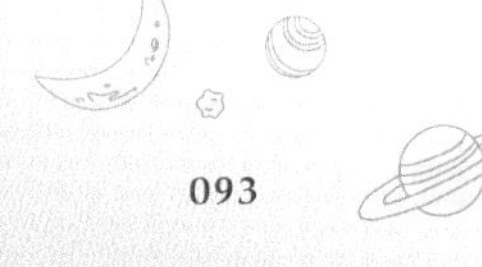

35 地球を守る惑星

木星では現在、探査機「ジュノー」が34日かけて一周しながら調査しています（2024年4月時点）。
実は今から29年前、この荒々しい木星の雲の中に突入した探査機が存在しました。その名も、木星探査機「ガリレオ」です。

1989年10月、ガリレオは木星へと打ち上げられました。
打ち上げから6年後、木星の軌道に到達。その後、探査機の一部であったプローブ（突入機）を切り離し、1995年ついに木星へと突入しました。

高温で放射線も強い過酷な環境の中、パラシュートを開き、57分間にわたってデー

木星に迫る探査機「ジュノー」

タを送り続けたガリレオ。そのデータから、木星は水素とヘリウムガスが主体の惑星だということが確かめられたのです。

木星の大気の中をどんどん降りていくと、圧力が急速に増していきます。100kmほど下へ落ちると、その圧力のために液状になった水素の層が現れます。この層は厚さ2万kmあり、木星の外側の約3割を占めます。

さらに、その底では圧力が300万気圧に達します。これは私たちが暮らす1気圧の世界の300万倍の世界です。

そこからさらに中心部へ向かっていくと、水素が液体金属状に変化します。この層は約4万km続き、やがて核が現れると考えられています。

美しいしま模様とは裏腹に、木星の環境は想像できないほど過酷なのです。そのことを知ったうえで渦を巻く写真を眺めていると、なんだか底なし沼へ引っ張られてしまうような恐怖を感じてしまいます。

一方で木星は、いずれ地球に落ちてきたかもしれない小天体を、その重力で引き寄せて自分に衝突させてくれている、という説もあります。

2009年には、木星の南極側に長さ8000kmもある暗い模様が映し出されました。

研究の結果、これは大きさ500mほどの小惑星が衝突した跡であることが分かりました。これ以外にも、小天体の木星への衝突は何度か確認されています。

今、地球上でこうして平和に生活できているのは、木星をはじめとする様々な天体が絶妙なバランスで存在しているからなのかもしれません。

木星探査機「ジュノー」が捉えた木星の複雑なうずまき

四つの衛星

地球の周りをまわる衛星は「月」の一つだけですが、木星の周りをまわる衛星は、現在、少なくとも95個発見されています（２０２４年2月時点）。

火星の衛星が二つだけと考えると、他の惑星に比べてずいぶんと多いことが分かります。

そんな木星の衛星の中でも、特に有名なのがイタリアの天文学者「ガリレオ・ガリレイ」が、１６１０年１月７日に発見した四つの「ガリレオ衛星」です。この衛星たちは、木星から近い順に「イオ」「エウロパ」「ガニメデ」「カリスト」と名付けられました。

「イオ」は地球の月よりも少し大きく、ガリレオ衛星の中で最もカラフルに見える星です。その表面は活発に噴火する火山からの岩石流や堆積物で覆われています。

木星の衛星。左から順に、「イオ」「エウロパ」「ガニメデ」「カリスト」。

イオの火山活動によるエネルギーは巨大で、太陽系で最も活動が活発な天体でもあります。

「エウロパ」は岩だらけのイオとは違い、氷で覆われた衛星です。エウロパの表面にあるシミや筋のような模様は、内部の熱で氷が解けてできたものだと考えられています。氷の地殻の下には液体の水が存在していて、もしかすると地球外生命体がいるかもしれないと期待されています。

「ガニメデ」は木星最大の衛星です。その大きさは水星を超えるほどです。

北極と南極に明るい霜が見えるのが特徴です。

「カリスト」はガリレオ衛星の中で一番外側にあります。太陽系の衛星の中では、「ガニメデ」、土星の衛星「タイタン」に次いで大きい衛星です。その暗い表面には、たくさんのクレーターを見ることができます。

きれいな衛星たちを見ると、いっそう宇宙の神秘さを感じてしまいます。

木星の衛星「エウロパ」の氷の地殻の表面

37 不思議な六角形

「土星（どせい）」は、太陽系の中で木星に次いで二番目に大きい惑星です。

大きさは地球の約9倍、質量は約95倍です。その構造は木星とよく似ていてほとんどがガスからできており、96％が水素、4％がヘリウムで、平均密度は水より小さいです。

私たちが写真などでよく見る土星の表面は、実は地表ではなく、メタンやアンモニアの雲です。この雲は、木星と同じようにしま模様に見えますが、木星と比べると淡く、地球からは、はっきりと確認することはできません。

土星の大きな嵐「大白斑」

土星の大気の中には、「大白斑（だいはくはん）」と呼ばれる白いうずまき模様が時々発生するのが確認されています。

大白斑は20～30年に一度現れ、数ヶ月にわたって猛威をふるう超大型の嵐であると考えられています。

また、土星の北極には、不思議な六角形の模様があることが発見されています。六角形の正体は雲だと考えられていて、地球が四つすっぽり収まってしまうほどの大きさです。

なぜこのような六角形ができているのかは様々な説がありますが、今のところまだはっきりと解明はされていないようです。

土星の北極に存在する不思議な六角形

38 土星の環

土星といえば、その美しい環が有名です。

実は環は土星だけでなく、木星や天王星、海王星にもあります。しかし、これほど立派なものは土星にしかなく、ほかの惑星にはない風格さえ感じます。

土星の環は地球から観察すると一枚の板のように見えますが、土星探査機「カッシーニ」が撮影した写真を見てみると、いくつかの隙間があり、複数の環からできているのが分かります。

その環の幅は、主要なものだけでも６万kmあります。一方でその厚みは、ほとんどの場所で10ｍほどしかなく、とても薄く見えるのです。

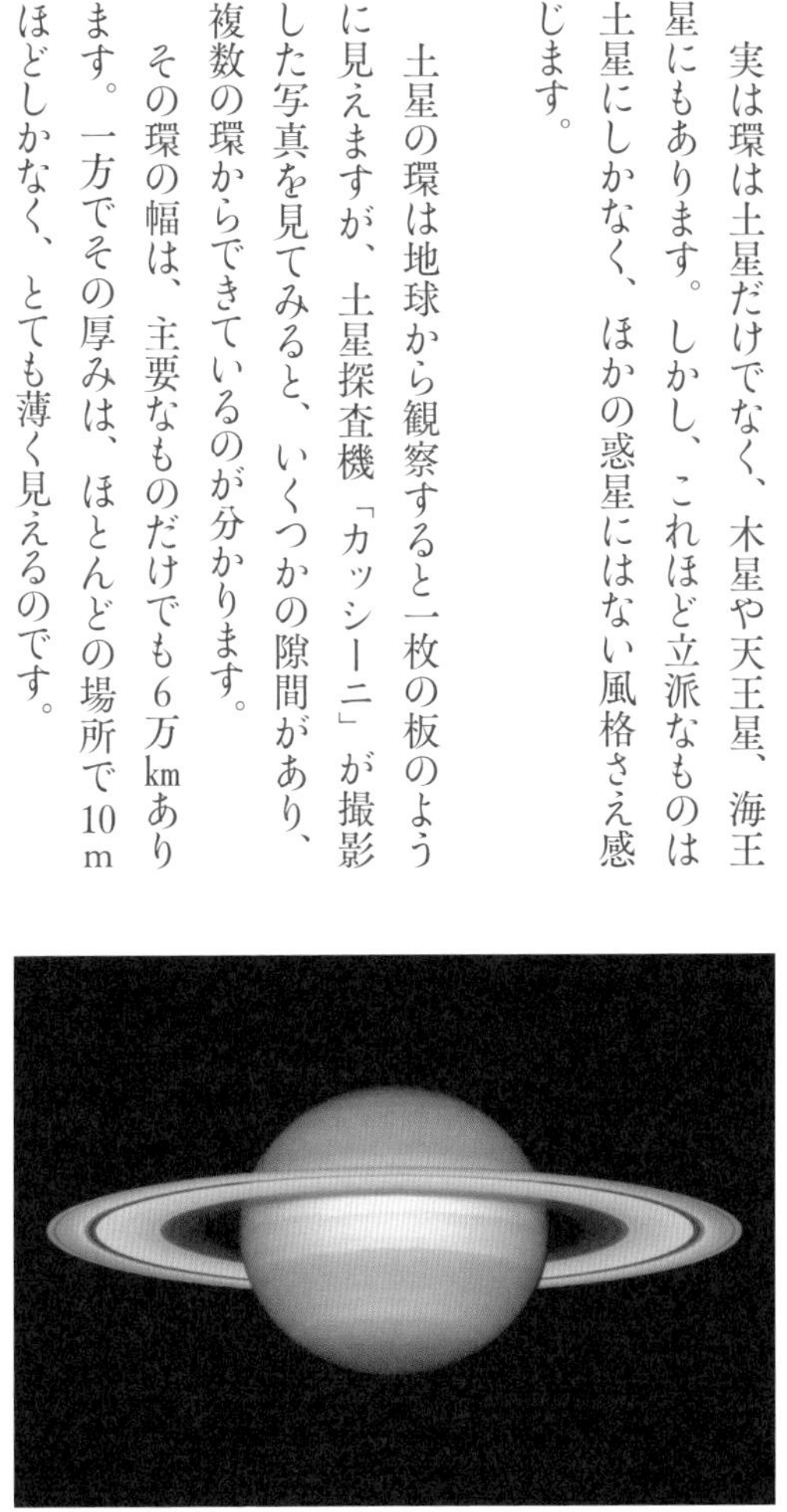

土星

この環は、岩石や氷の粒が集まってできたもので、それぞれの粒の大きさは数㎜～数mです。

氷の粒は、細かなものは帯電して土星の磁場に沿って雨のように降り注ぎ、大きな粒子は土星の赤道部へそのまま落下していきます。その影響で土星の環は、今後早ければ1億年で失われる可能性もあると言われています。

土星の環の画像は、土星探査機「カッシーニ」が数多く撮影しました。

カッシーニは1997年に打ち上げられ、最後には「グランドフィナーレ」と呼ばれる、土星の環と本体の間を22回にわたってくぐるという危険度の高いミッションにも挑戦。

そして2017年9月、カッシーニは土星の大気圏に突入し、その役目を終えることになったのです。

土星の環の中で「C環」と呼ばれる場所をカッシーニが撮影した一枚。

39 好条件な「エンケラドス」

土星の衛星は、現在のところ、太陽系の惑星で最多の146個発見されています（2024年2月時点）。

そのなかには、巨大なクレーターを持つ「ミマス」、土星のリングより内側にある「レア」、表面の色が綺麗に二分されている「イアペタス」など、おもしろい衛星が多数存在しています。

なかでも注目度が高いのが「エンケラドス」です。なぜなら、生命の存在が期待されるからです。

エンケラドスは、クレーターがある領域と比較的滑らかな表面を持つ領域とに分かれています。滑らかな領域はクレーターが少ないことから、数億年以内と比較的最近作られたものと考えられています。

また、エンケラドスの表面は氷で覆われ、南極付近には氷の火山のようなものが存在しています。探査機「カッシーニ」は、この火山のようなものから水蒸気や氷の粒が噴き出す様子を撮影することに成功しました。

このことから、氷の地面の下には大規模な海が存在すると考えられています。

エンケラドスには、水・有機物・エネルギーという生命の誕生に必要な三条件が揃っている可能性が高いのです。果たしてそこに生物はいるのでしょうか。

カッシーニが撮影したエンケラドス

将来の移住先「タイタン」

近い将来の人類の移住先として、月や火星が候補になっていますが、実は土星の衛星「タイタン」もまた移住先候補になるかもしれません。

将来の移住先候補となり得る理由は、タイタンが月や火星にはない「大気」を持つ衛星だからです。現在は低温環境下ですが、太陽が赤色巨星になる頃には、適温になっているかもしれません。

カッシーニが撮影したタイタン

タイタンには地球と同じように、窒素を主成分としたメタンなどのガスが混ざり合った大気が存在します。さらに、川や湖などの豊富な液体も確認されています。

タイタンを外から観測すると、オレンジ色の分厚い大気に覆われているの

が分かります。これは、窒素やメタンから作られたオレンジ色のスモッグ（光化学スモッグ）によるものです。

スモッグは地表から２００㎞の高さまで広がっています。そのため、タイタンの地表を直接見ることはできないのです。


それでは、地表の様子はどのようになっているのでしょうか。

探査機「カッシーニ」が13年間にわたって取得した赤外線のデータから、その様子が分かってきました。

地表には氷でできた砂丘のような領域が広がり、地球で一番大きな湖「カスピ海」よりも大きい、「クラーケン海」という湖も発見されています。


タイタンは、マイナス１８０度という極寒の世界です。

それでも湖が存在するのは、大気中のメタンが液体となって、地表にメタンの雨が降り注ぐから

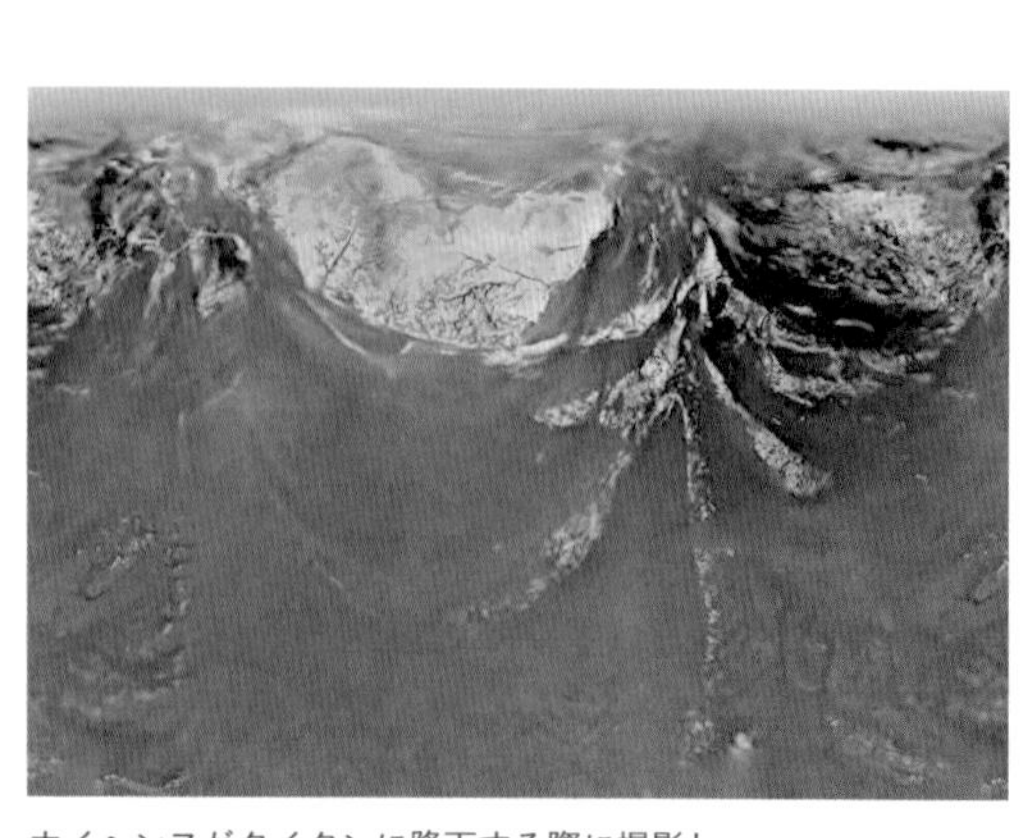

ホイヘンスがタイタンに降下する際に撮影した地表の様子。

です。

タイタンは奇跡的に、メタンが液体や固体、気体の間を行き来するのにちょうどよい温度になっているのです。

タイタンの分厚い大気に突入し、地表の様子を撮影した探査機もあります。それは、カッシーニに取り付けられていた「ホイヘンス」です。

ホイヘンスが撮影した写真から、タイタンの地表ではまるで地球にいるかのような景色が広がっていることが分かりました。


第二の地球とも言われるタイタンですが、2028年には生命探査を行う「ドラゴンフライ」が打ち上げられ、2030年代半ばにタイタンに到着し、数十ヶ所で調査を行う予定です。

それほど遠くない未来に、タイタンで地球外生命体が見つかる可能性もあると考えると、とてもワクワクしてきます。

横に倒れてまわる天王星

地球から「天王星（てんのうせい）」までの距離は、25億〜31億㎞。時速300㎞の新幹線で1000年以上もかかるほど遠くにある惑星です。

天王星はとても遠くにあるため、月と並ぶとただの点のように見えますが、木星、土星に次いで、太陽系三番目に大きな惑星です。その直径は地球の4倍、質量は14・5倍あります。

天王星は太陽からも遠く、表面はマイナス200度と低いです。

主にガスと氷からできており、天王星が青く輝いているのは大気に含まれるメタンが原因です。メタンは赤い光を吸収して青い光だけが残るため、青く見えるのです。

天王星の大きな特徴は、自転軸が横倒しになっていることです。地球の自転軸が23・4度なのに対し、天王星は約98度も横に傾いていることが分かっています。

天王星を撮影した画像を見ると、左下が影で少しぼやけているのが分かります。これは天王星の昼と夜の境界線です。画像から見えていない裏の部分には真っ暗な夜の世界が広がります。

ただし、天王星は横倒しになっているので、昼と夜の関係も地球とは異なります。天王星は太陽の周りを一周するのに84年かかりますが、ずっと横倒しになったまま太陽の周りをまわるため、場所にもよりますが、地球のように自転するたびに昼と夜がくるわけではありません。天王星の南極や北極に近い地方では、42年間昼が続き、残りの42年間はずっと夜ということが起こるのです。

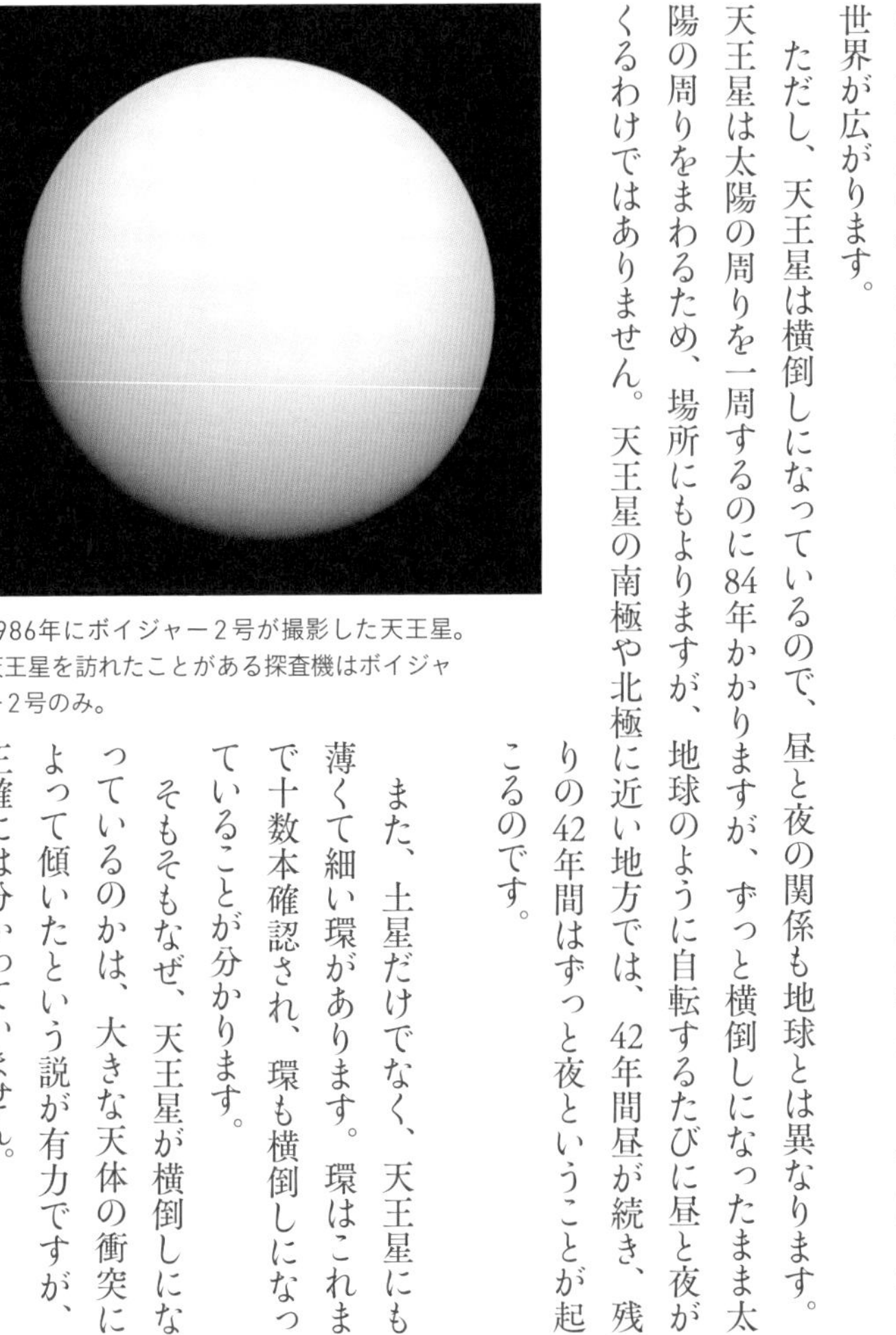

1986年にボイジャー2号が撮影した天王星。天王星を訪れたことがある探査機はボイジャー2号のみ。

また、土星だけでなく、天王星にも薄くて細い環があります。環はこれまで十数本確認され、環も横倒しになっていることが分かります。

そもそもなぜ、天王星が横倒しになっているのかは、大きな天体の衝突によって傾いたという説が有力ですが、正確には分かっていません。

遠くて暗い海王星

「海王星（かいおうせい）」は太陽系の中で太陽から最も遠い惑星です。

地球からは43億〜46億㎞の場所に存在し、海王星が太陽の周りを1周するのには、なんと165年もかかります。

海王星はとても暗いため、地球から肉眼で見ることはできません。

そのため太陽系の惑星の中で唯一、数学的な計算による予測をもとに発見されました。それほどに海王星は地球から遠い場所にあるので、探査機を送るのも簡単ではありません。

これまで海王星に辿り着いた探査機は1989年に接近した「ボイジャー2号」だけ。打ち上げから12年の歳月をかけて海王星に到達し、約5ヶ月間、海王星を観測しました。

海王星の直径は地球の約4倍の大きさで、質量は約17倍の惑星です。

表面には黒い丸い点があるのが発見され、これは「大暗斑（だいあんはん）」と呼ばれています。

大暗斑は、地球がすっぽり入ってしまうほどの巨大な渦で、最大時速２４００kmの猛烈な風が吹き荒れています。この渦は、ずっと同じところにとどまっているのではなく、時間が経つにつれて移動し、現れたり消えたりすることも分かっています。

海王星の表面は真っ青な色をしていますが、これは表面の大気に含まれるメタンが関係しています。海王星の大気は、水素やヘリウム、そしてメタンという構成で、メタンによって赤色の光が吸収され、青い光が散乱されることによって惑星全体が青色に見えるのです。

ボイジャー2号が1989年に撮影した海王星。
巨大な渦「大暗斑」も中央右に写っている。

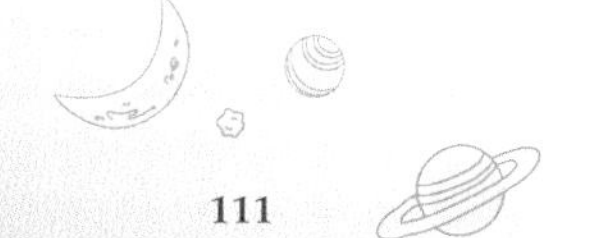

43 元気な冥王星

かつては惑星と言われていた「冥王星(めいおうせい)」ですが、現在は太陽系の「準惑星(じゅんわくせい)」に分類されています。

惑星の定義は、

❶太陽の周りをまわっていること
❷丸い形になれるだけの質量、重力があること
❸その周辺でダントツに大きく、周囲のほかの天体の軌道を変えて、排除してしまっている存在であること

です。冥王星は、この三つ目の条件を満たすことができなかったのです。

実際、冥王星の付近には冥王星よりも大きな天体が次々と発見されました。冥王星は地球と比べても5分の1以下の大きさで、月よりも小さいのです。

では、そこにはどのような世界が広がっているのでしょうか。

冥王星は、地球から最も遠い場所にいる探査機「ボイジャー」さえも訪れたことがありません。なお、ボイジャーは1、2号とも今も稼働しています。

２００６年に打ち上げられたＮＡＳＡの冥王星探査機「ニューホライズンズ」が唯一、冥王星に接近し、至近距離から撮影しました。

冥王星の姿でまず目を引くのは、白っぽくハートの形をした部分です。ここは冥王星を発見したアメリカの天文学者クライド・トンボーに由来して、「トンボー地域」と呼ばれています。

そこには氷の厚さが４㎞ほどの巨大な盆地「スプートニク平原」が広がり、多角形のパターンが見られます。研究の結果、この模様は湧き上がってきた氷が作り出していることが分かりました。

その事実から、「活動を終えて死んだ準惑星」と考えられてきた冥王星ですが、実際は内部が活発に活動している「生きた準惑星」だったのです。さらに、地下には海が存在していることも分かっています。

ニューホライズンズが撮影した冥王星。ハート形の模様の左半分が「スプートニク平原」がある場所。

太陽から遠く離れた小さな氷の天体が、まだ盛んに活動しているとは、ほとんどの天文学者は予想していないことでした。

冥王星のように小さく、遠くにある天体を探査するのはとても難しいことです。ニューホライズンズは、9年かけて冥王星に近づきましたが、接近して観測できたのはわずかな時間だけでした。

それでも、そのわずかな時間で取得できた情報は、惑星科学の分野に革命的な成果をもたらしたのです。そして冥王星を探査した後、今もなおニューホライズンズは宇宙の旅を続けています。

この広い宇宙では、これまでの常識が覆るような天体がほかにもたくさんあるかもしれません。私たちが見ている宇宙は、この大宇宙のほんの一部でしかないのだと実感させられます。

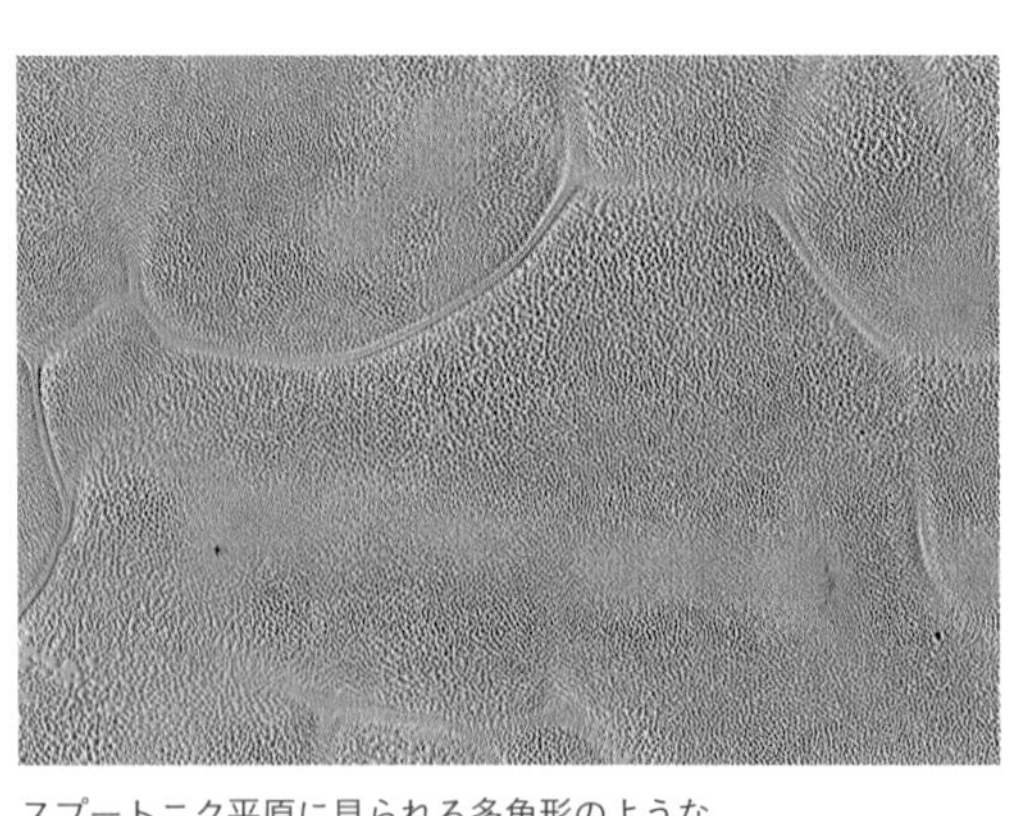

スプートニク平原に見られる多角形のようなパターンから、冥王星は内部で活発に活動が続く生きた準惑星であることが発見された。

44 これからの惑星探査

これまで様々な歴史的発見をもたらしてきた惑星探査計画。

そしてこれからも、ワクワクするような惑星探査計画が続いていきます。

水星は太陽の近くにあるため、その強力な重力や強い日光によって探査が難しい惑星です。

現在、磁場やプラズマなどの謎を解き明かすべく、新たな水星探査計画「ベピコロンボ」が始まっています。探査機ベピコロンボは2018年に打ち上げられ、そして2025年には観測が始まる予定です。

金星は、2021年6月にNASAから、約30年ぶりの探査計画が発表されました。「ダビンチプラス」「ベリタス」という2機の探査機です。

金星の表面温度は400度以上と灼熱で、鉛の融解温度も超えるほどです。金星がどのようにして、このような環境になったのかを解明していきます。

2023年には、欧州宇宙機関（ESA）が主導する、木星の成り立ちなどを調べる国際探査「JUICE」プロジェクトの探査機が打ち上げられました。

探査機は今後、木星の衛星「エウロパ」「ガニメデ」「カリスト」の三つを観測する予定です。生命が存在するのに必要な海や有機物が衛星内部にあるかを調べます。

2031年には木星に接近し、カリスト、エウロパを経て、2034年にガニメデの周りをまわった後、その翌年にミッションを終える予定です。

また、NASAもエウロパ探査機「エウロパ・クリッパー」を2024年に打ち上げる予定です。エウロパの内部には地球の海の2倍の量の水があると推定されていて、海や衛星の大気、内部組成などを調査します。

2028年には、土星の衛星「タイタン」を目指して、探査機「ドラゴンフライ」が打ち上げられ、2030年代半ばにタイタンに到着する予定です。ドラゴンフライはドローンのようにプロペラで

木星の衛星「エウロパ」と探査機「エウロパ・クリッパー」のイメージ図

離着陸し、タイタンの複数の場所で大気や地表、地中の様子を観測します。天体の成り立ちや生命の痕跡などを調べる予定です。

このように、衛星の海や生命の痕跡などの世紀の発見に期待できる探査がたくさん計画されています。どのような発見が待っているのか、待ち遠しくてなりません。

45 流れ星に願う

流れ星（流星）を見たことはありますか？

流れ星が光る間に三回願い事を唱えられたら、その願いは叶うという言い伝えもありますよね。

流れ星といえば、冬は、

「ふたご座流星群」（出現期間12月4日〜17日頃）

「しぶんぎ座流星群」（出現期間12月28日〜1月12日頃）

そして夏は、

「ペルセウス座流星群」（出現期間7月17日〜8月24日頃）が有名です。

流星群を観察するコツは、月明かりがない時期に、人工の明かりが少なくて暗く、空全体を広く見渡せる場所で、最低15分間は夜空を見上げるこ

ペルセウス座流星群

とです。
15分ほど経つと夜空の暗さに目が慣れて、流れ星を見つけやすくなります。前述の流星群の極大日には通常1時間に20～50個ほどの流れ星が見られるようです。

では、流星群はどうして現れるのでしょうか。

流れ星とは、宇宙にある直径1㎜～数㎝ほどのチリの粒が、地球の大気に飛びこんできたときに、大気との摩擦で光を放つ現象です。

流れ星のもとになるチリは、太陽の周りをまわる彗星などの天体から放出されたものので、彗星が通った軌道には、たくさんのチリの粒の帯ができます。そして、その軌道と地球の軌道が交差する場所に地球が通過するとき、たくさんのチリが地球の大気にぶつかって流星群になるのです。

地球と彗星の軌道が交わる日時は、毎年ほぼ決まっているので、特定の時期に、流星群が出現することが予測できます。
流星群観察を通して、宇宙を身近に感じてみてください。

彗星と出合うまで

流れ星とは、彗星(すいせい)の残したチリが地球の大気に飛びこんでできるもの、というお話をしました。

では、「彗星」とは一体何なのでしょうか。

彗星は、太陽系を構成する天体の一つで、その大きさが数㎞から数十㎞ととても小さいです。その成分は、氷の状態の水や二酸化炭素、一酸化炭素、そして砂粒のようなチリなどからできています。雪の少ないときに作った、少し汚れた雪だるまをイメージすると分かりやすいかもしれません。

そんな彗星は、太陽から遠く離れた海王星の周りに分布する「エッジワース・カイパーベルト」や、さらに遠く離れて太陽系の外側を大きく球殻状に取り囲む「オールトの雲」などの氷微惑星の集まりからやってくると考えられています。

これらの彗星は太陽から遠く離れた冷たい場所から、太陽めがけて飛んできます。

数十～数百年もの年月をかけて、楕円軌道で太陽の周りをまわる彗星もあれば、放物線や双曲線の軌道を描いて、太陽に一度きり近づく彗星もあります。

彗星の中でも特に有名な「ハレー彗星」が最後に見られたのは、１９８６年の春でした。

ハレー彗星は76年周期で太陽の周りをまわっていて、次回は２０６１年の夏に再び太陽に近づき、地球のそばを通過すると予測されています。

そのほか、１９９６年には「百武(ひゃくたけ)彗星」が現れ、日本でも長い尾を引く姿が観測されました。１９９７年には、巨大な彗星「ヘール・ボップ彗星」が現れ、１年以上の間、肉眼でその姿を見ることができました。

これらの彗星は、数千～数万年単位のとてつもなく長い周期で太陽の周りをまわっているか、太陽に一度近づいたきり二度と戻ってこない彗星のいずれかだと考えられています。

1997年に撮影されたヘール・ボップ彗星

遠くから来る隕石

子どもの頃、隕石が落ちていないかと野原をやみくもに探し回った経験がある、という人もいるかもしれません。それほど隕石には夢やロマンが詰まっています。

そもそも隕石とは何でしょうか。

簡単に言えば、「宇宙から地球に落ちてきた石」のことです。多くは小惑星のかけらですが、大気との摩擦で燃え尽きずに地上まで落ちてきた流れ星のかけらです。
また、隕石は約46億年前、地球や太陽系ができた当時の材料でもあります。そのため、地球や太陽系が生まれた手掛かりにもなります。

2020年7月、関東地方の上空に巨大な流れ星（大火球）が現れました。それによって隕石がたくさんのかけらに分かれて落下し、千葉県習志野市のマンションで隕石のかけらの一つが発見されています。

この千葉県習志野市で発見された隕石は、日本で確認されたものでは一番新しいものので、これまでに50個ほどの隕石が日本で確認されてきました。なお世界では、これまで5万個ほどの隕石が確認されています。

道端に転がっている何でもない石が、遠い宇宙からやってきた隕石である可能性もゼロではないのです。

Column

4

声のこと

YouTubeでの私の声は、実は地声とは少し違います。理想の声を出せるようになるまでに、試行錯誤や練習を重ねて、動画では地声よりも高めに声を出しています。日常生活では、のどを痛めないようにのど飴をなめたり、水をたくさん飲んだりしてのどを潤すように気をつけています。

録音前には、理想の声を出すための準備もして臨んでいます。動画で見かけたアナウンサーの発声法を参考にして、早口言葉を何回か言った後に、ブルブル唇を震わせたり、高い音から低い音を発声するトレーニングを一通りやったりした後に、録音に臨みます。

自分自身では、どれくらい効果が出ているのかは分かりませんが、このトレーニングをすると声が出しやすくなる気がしています。私の声が好きとおっしゃってくださる方も多いので、この声を保てるようにこれからも努力していきたいです。

この本でも80テーマすべてに朗読音声を吹き込んでいるので、ぜひ寝る前に本を開きながら、音声と一緒に宇宙を楽しんでもらえたらうれしいです。

第5章 星

自ら輝く恒星

私たちが夜空を見上げたとき、輝いて見える星々は太陽系の惑星を除くと、実はすべてが「恒星」です。

逆に、太陽の周りをまわる地球や火星などの惑星、そしてそれらの衛星は、自ら輝くことはないので恒星ではありません。夜空で月や惑星が明るく輝いて見えるのは、太陽の光を反射しているからなのです。

ちなみに惑星は、恒星の周りをまわる天体の中で、中心で核融合を起こすほどは質量が大きくなく、自ら光や熱を放出しない天体です。

太陽は核融合によって自らエネルギーを生み出して輝く恒星ですが、同じような恒星は天の川銀河の中だけでも、2000億個以上あると考えられています。

恒星は、銀河の中のチリやガスが凝縮して核融合を起こして生まれていきますが、その集まった質量の大きさによって、どのように成長し、どのような一生を辿るかは変わっていくのです。

※次ページからは恒星のことを、「星」と表現していきます。

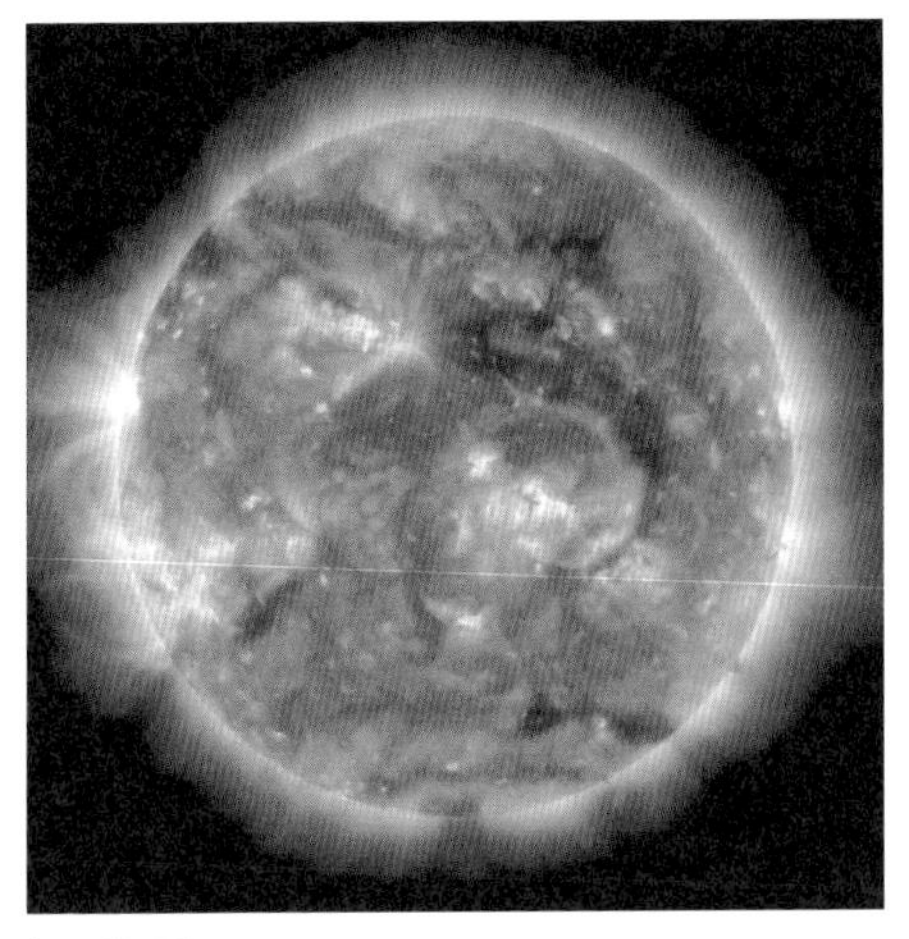

恒星(太陽)

惑星(地球)

星が生まれる場所

夜空に輝く星。

当たり前のようにそこに存在していますが、それぞれが宇宙空間にゼロから生まれた一つの大きな命と言えます。

では、一体星はどのような場所で生まれるのでしょうか。


星の材料となるのは、宇宙を漂うチリやガスです。そのチリやガスの集まりである「星雲（せいうん）」の中で星は誕生します。

この星雲の奥深くで、ガスは重力の働きで収縮し、密度がどんどん高くなってガスのかたまりを作ります。これこそが「原始星（げんしせい）」、つまり星の赤ちゃんなのです。


原始星ができると、その周囲には回転するガスの円盤ができます。そして、中心にある原始星に向かって、円盤から少しずつガスが落ちていくのです。

しかし、一部は秒速数十㎞のジェットとして垂直に噴き出し、余分なエネルギーを原始星から運び去ることもあります。

太陽もまたこのように誕生したと考えられています。

ふと見上げたときにいつも目が合うような、そんなお気に入りの星が見つかるといっそう夜空が輝いて見えます。

カリーナ星雲の中で若い星が生まれている場所。生まれた星からの強い紫外線や恒星からの風により、星雲が壁のように削られている。ジェイムズ・ウェッブ宇宙望遠鏡で撮影。

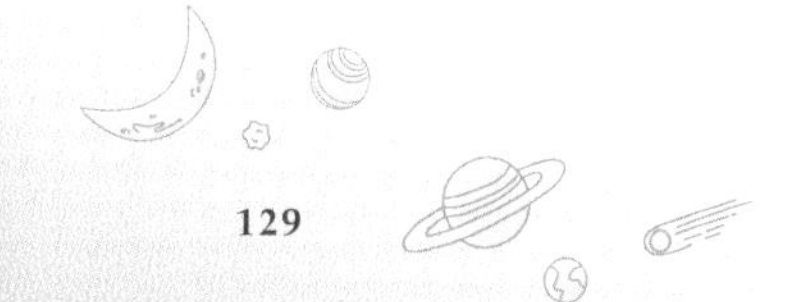

50 終わり近づく「ベテルギウス」

「ベテルギウス」は、冬の星座「オリオン座」の右肩にある星です。他のオリオン座の星と比べて、赤く輝いていて見つけやすいのが特徴です。

夜空で輝く星（恒星）たちは、永遠に存在するかのように思えますが、実は生まれてから長い時間をかけて成長し、やがて死を迎えていきます。

そんな星の中で、ベテルギウスはまさに死期が近い星なのです。

ベテルギウスは地球から550光年先、つまり光の速さでも550年かかるとても遠い場所にあります。

その大きさは太陽の750倍、質量は19

これまでに撮影された中で最も鮮明なベテルギウス

倍もあると考えられています。そのため遠いところにある星ですが、ハッブル宇宙望遠鏡などの性能のよい望遠鏡であれば、その姿を捉えることができます。

ベテルギウスの内部からは高温の物質が湧き上がり、そして吐き出されて周囲に広がっていく様子が確認されています。

2019年には吐き出された膨大なチリによって、ベテルギウスが奇妙なほど暗くなる現象が見られましたが、翌2020年にはチリの雲はなくなり、ベテルギウス本来の光が確認できるようになりました。

ベテルギウスの表面温度は3000度あまりと比較的低く、そのため赤色っぽく見えます。この赤色は星が死に近づいていることを意味しています。

現在、ベテルギウスは星の一生における「赤色超巨星(せきしょくちょうきょせい)」の状態になっています。

この後、ベテルギウスは「超新星爆発」という大爆発を起こし、星を作っていた物質が、爆発によって宇宙空間にまき散らされる運命にあります。

現在のところ、ベテルギウスの大爆発はこれから10万年後までの間に起こるのではないかと考えられています。

星の輪廻

今回は星の一生について考えてみましょう。

星と星の間にはガスやチリが漂っていて、それが特に濃い部分は「星雲」と呼ばれます。

その星雲の一部分が濃くなって、周りのガスを巻き込んで星が誕生します。

星がどのような一生を辿るのかは、実は生まれたときの星の「重さ」で決まっています。

まず、太陽の0・08倍以下の質量の小さな星は、水素をヘリウムに変える核融合反応が続かず、自らエネルギーを生み出す恒星にはなることができません。

そして、徐々に冷えて「褐色矮星（かっしょくわいせい）」となります。

次に、太陽の0・08～8倍ほどの質量を持つ星は、中心部の温度が高いため、水素が核融合反応を起こし、太陽のように光り輝き続けます。

やがて中心部の水素を使い果たしてしまうと膨張をはじめ、「赤色巨星」となり、最後は「惑星状星雲」となります。そして中心に残った星の核は徐々に冷えて光を失い「白色矮星」という、星の燃えカスになるのです。

星のほとんど、90％以上は、このように死を迎えます。太陽も１００億年ほどかけて、同じような一生を辿るのだそうです。


最後に、太陽の8〜30倍の質量の大きな星は、中心部の水素を使い果たした後は「赤色超巨星」となり、やがて自らの重力によって星が崩壊、「超新星爆発」を起こします。星を作っていた物質は、この爆発によって宇宙空間にまき散らされていきます。


超新星爆発が起こると、中心には中性子物質でできた、とても密度が高く重力の強い天体が現れます。この天体を「中性子星」と言います。

中性子物質が支えられる質量には限界があり、

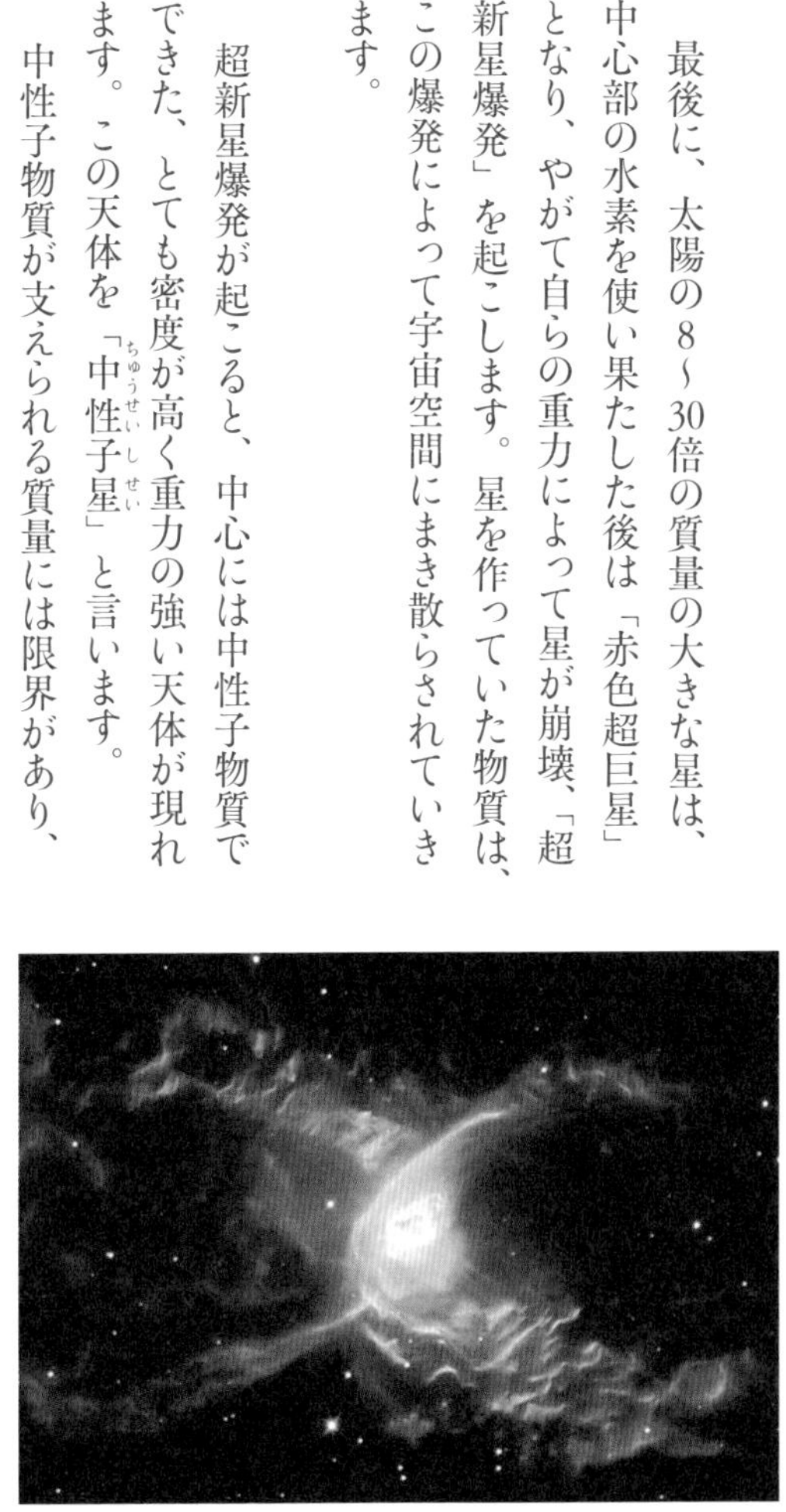

ハッブル宇宙望遠鏡が撮影した、いて座方向にある惑星状星雲。

太陽の30倍以上の質量になると、その中心には「ブラックホール」ができます。

そして、超新星爆発で吐き出されたガスは、周りにあるガスと混ざり合って、また新しい星が誕生します。

このように「星の輪廻（りんね）」は、いつまでも続いていくのです。

星の色

夜空に輝く星をよく見ると、青白く光るものもあれば赤く光るものもあり、それぞれ違った色をしているのが分かります。

これらの星の色は、星の表面温度によって決まっています。

青白い星の表面温度は約1万～数万度と高く、反対に赤い星は約3000度と温度が低いです。

青白い星の多くは、大きな質量を持つ「青色巨星（せいしょくきょせい）」や「白色矮星」です。

燃料の水素を激しく燃やすために明るく輝きますが、その分寿命は短く、数百万～数千万年ほどで赤色超巨星となって、超新星爆発でその一生を終えます。

夜空に見られる青白い星といえば、おとめ座の「スピカ」が有名です。

一方、赤い星は質量の小さい「赤色矮星」か、年老いた星である「赤色巨星」や「赤色超巨星」です。

質量が小さい赤い星は、水素を穏やかに燃やすため表面温度は低く、その分寿命は数百億年以上になります。

年老いた星は内部が不安定なために膨れ上がり、その分密度が小さくなることで表面温度が低下した「赤色巨星」や「赤色超巨星」となります。

赤い星といえば、さそり座の「アンタレス」やオリオン座の「ベテルギウス」などが有名です。これらは「赤色超巨星」です。

53 危険な星「イータ・カリーナ」

イータ・カリーナ、別名「りゅうこつ座イータ星」はその名のとおり、現代の88星座の一つである「りゅうこつ座」方向にある星です。

りゅうこつ座は南半球で見ることができる星座ですが、日本からは残念ながらほとんど見ることができません。

イータ・カリーナは、地球から約8千光年離れた場所にあり、太陽系から比較的近くにある天体の中では最大級に明るくて重い星です。

また、一つの星ではなく、二つの星からなる「連星（れんせい）」です。

主星（しゅせい）は太陽の90倍以上の質量を持ち、明るさはなんと500万倍もあります。そして、巨大な主星の周りをまわる伴星（ばんせい）もまた、

ハッブル宇宙望遠鏡が撮影した、イータ・カリーナ

太陽の30倍の質量を持ちます。

二つの星は5年半の周期でお互いの周りをまわっています。

お互いの星から出る恒星風（こうせいふう）が正面衝突するとき、特に強烈なエネルギーを放出していることが、X線（電磁波）の観測から分かってきました。この二つの星が放つX線の一部は高エネルギーで、「宇宙線（うちゅうせん）」として地球にまで到達しているといいます。

イータ・カリーナは常に明るく光り輝いてきたわけではなく、実は19世紀以前は観測もできないほど暗い星でした。

19世紀に入って急激に明るさを増し、1843年には「おおいぬ座」の「シリウス」に次いで二番目に明るい星になりました。

その後再び暗くなり、20世紀には肉眼で見えなくなりましたが、それ以来明るさは変化し続け、2024年現在は再び肉眼でも見えるようになっています。

イータ・カリーナが「危険な星」と言われる理由は、比較的近い将来「超新星爆発」を起こし、それによって地球に有害な放射線を放出する恐れがあるからです。

それは1万年後かもしれないし、100万年後かもしれません。ですが、もし爆発すれば南半球では日中でも見ることができると言われています。

今も高エネルギーの放射線を作り出し、太陽系外の遠く離れた場所から地球にまでその影響を及ぼしかねないイータ・カリーナ。

怖さとともに、その強さにまた惹かれもさせる、不思議な星です。

スピッツァー宇宙望遠鏡が撮影した、カリーナ星雲の中央で光り輝くイータ・カリーナ

美しい星雲たち

星は星雲の中で生まれるとお話ししましたが、その星雲にもいろいろな種類のものがあります。

なお、星雲とは宇宙のチリやガスなどが重力によりまとまってできた天体のことです。

たとえば、星雲のガスが近くにある高温の星からの紫外線を受けて、自ら光を放って光り輝いているのが「輝線(きせん)星雲」。

近くにある星の光を反射することで光って見える「反射星雲」。

ほかにも、星雲の中のチリやガスが密度高く集まっているために、後ろにある星の光を遮って暗く見える「暗黒星雲」などです。

夏の夜、空を見上げると天の川に無数の星が集まり、淡い雲のように光り輝いているのが分かります。その星々の中で、ところどころ暗く見える部分が暗黒星雲です。

輝線星雲の「オリオン大星雲」。オリオン座のベルトにあたる3つの星付近に広がる。

暗黒星雲の「馬頭星雲」。オリオン座にあり、馬の頭のような形に見えることが名前の由来。

55 魅惑的な超新星爆発

星の一生の中で、最終段階でもある「超新星爆発」。
これまでいくつかの話の中で触れてきた現象ですが、壮大でありながらも儚く美しい、ある意味宇宙で最も魅惑的な現象の一つだと言えます。

質量が太陽の8倍以上もあるような重い星では、核融合の材料である水素を使い果たすと一瞬のうちにつぶれてしまいます。そして、その反動で大爆発を起こし、星の外側部分を吹き飛ばしてしまう現象のことを超新星爆発と言います。

1987年2月、地球から16万光年離れた場所にある「大マゼラン雲」に「超新星1987A」が出現していることが発見さ

SN 1987A。真珠のように明るく輝くスポットがリングを形成している。ハッブル宇宙望遠鏡撮影。

れました。超新星爆発によって輝く天体のことを超新星といい、スーパーノヴァの略で「SN」と表記されます。その後、「SN 1987A」は数ヶ月間にわたり、太陽の1億倍もの明るさで光り輝きました。肉眼でも見える大規模な超新星爆発が発見されたのは、1604年以来およそ400年ぶりのことでした。

この「SN 1987A」は超新星の周りに明るく輝くリングが存在しています。これは超新星爆発を起こす2万年以上前から、恒星から放出された物質に、超新星爆発で放たれたX線が衝突して作られたものと考えられています。

なお、「SN 1987A」から放出されたニュートリノを、岐阜県の神岡鉱山地下にある観測装置「カミオカンデ」が世界で初めて検出しました。

そして、ニュートリノ天文学の開拓などの業績が評価され、小柴昌俊さんが2002年ノーベル物理学賞を受賞することになったのです。

大マゼラン星雲の中でひと際光り輝く
SN 1987A

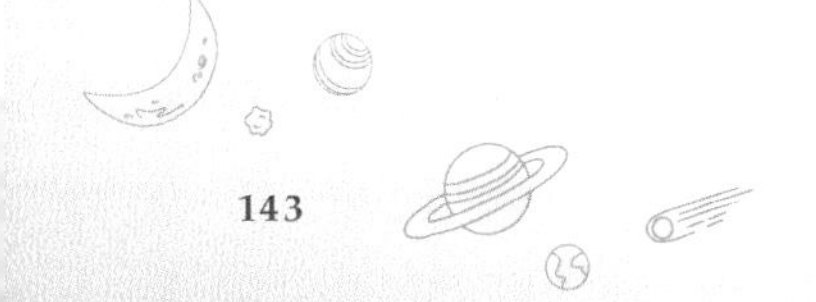

56 超新星の残骸「かに星雲」

「かに星雲」は、おうし座の方向に約6000光年離れた場所にある、超新星の残骸です。1054年頃に爆発があったとされています。

かに星雲の中心には、強い磁場を持って1秒間に30回という超高速で回転している中性子星「パルサー」が存在しています。

ハッブル宇宙望遠鏡は、かに星雲の詳細な様子を撮影することに成功しました。そして、その中心部分には、白く明るく輝く中性子星の存在を確認することができます。

かに星雲を可視光ではなく、X線などで観測すると、まったく異なる姿を確認することができます。

中心にある白い星の周りには、リングのようなものが取り巻いているのが分かります。また、リングの垂直方向にジェットがのびているのも見ることができます。

見方によって様々な姿かたち、変化を見せてくれるのが星であり、宇宙なのです。

超新星爆発の残骸「かに星雲」。星雲の中心には、白い中性子星(パルサー)があるのが分かる。

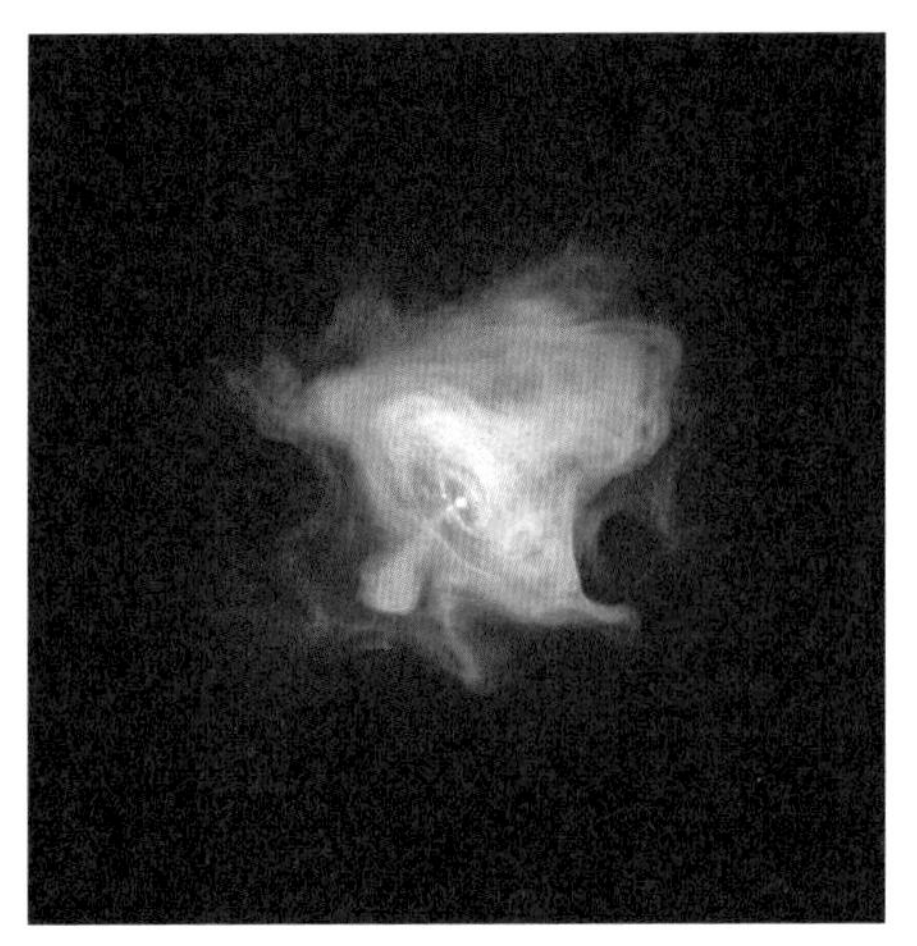

かに星雲をX線で捉えた画像。リングの中心付近で輝く星が中性子星(パルサー)である。

ブラックホールの存在

なにもかも吸い込んでしまう、宇宙にぽっかりと空いた闇の空間。ブラックホールをそんな風にイメージしている人も多いかもしれません。

実は、ブラックホールは天体の一種です。

太陽の30倍以上の大きな質量を持つ星が超新星爆発をした後に、残った芯のようなものが「ブラックホール」なのです。

その存在はかつて、アインシュタインの相対性理論によって予言されていました。

ブラックホールは、自分自身の重力によってどんどん収縮していき、大きさが無限小の「点」になり、反対に密度は無限大となります。そして、強い重力を持っている

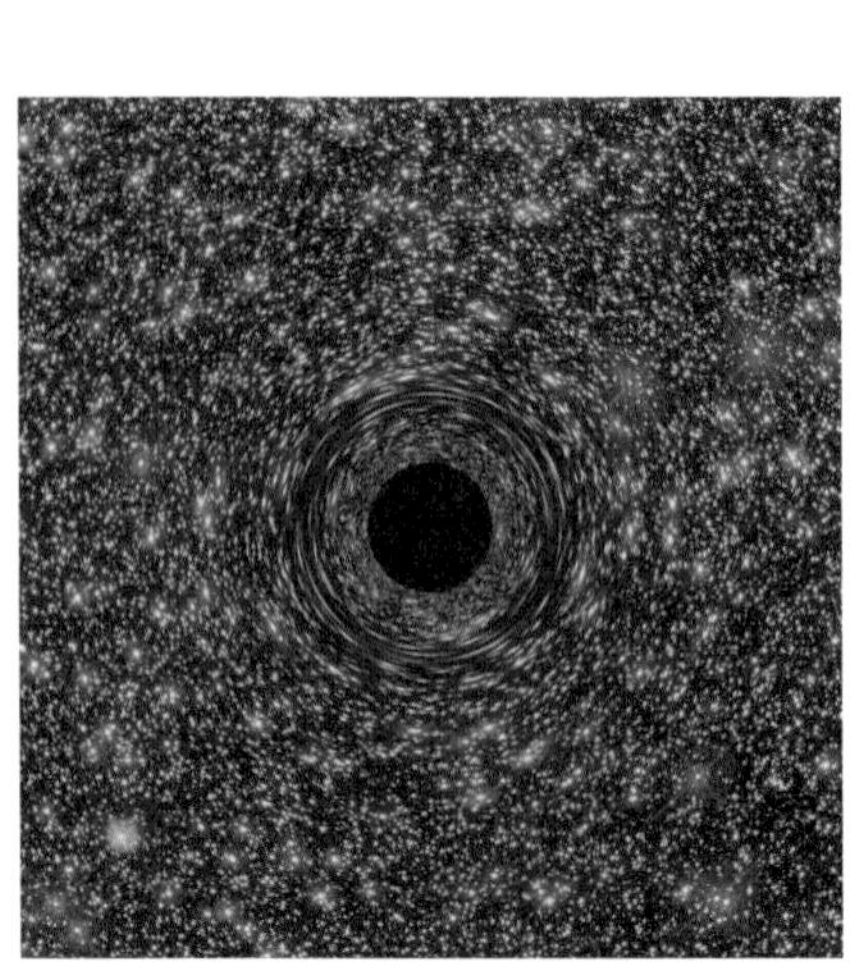

銀河の中心にある超大質量ブラックホールを示すイメージ画像

ので、周囲にあるチリやガスなどを吸い込みながら成長していきます。

そこは、光も外に逃げ出すことができず、すべての物理法則が成り立たない極限の世界。光さえも脱出できないために、その中身を見ることは不可能。すなわち、その天体は真っ黒い穴のように見えるはずで、そのことから「ブラックホール」と呼ばれるようになりました。


では、光を発しないのにどうやってブラックホールを見つけるのでしょうか。その鍵は、X線天文学でした。

ブラックホールと共にまわる連星があった場合、その星のガスはブラックホールに吸い込まれて落ち込んでいきます。その際に、膨大なエネルギーが発生し、X線を放射するのです。


1971年には、「はくちょう座」の方向から強力なX線を出し、激しく変動する天体が、日本人のX線天文学者小田稔(おだみのる)博士によって発見されました。

「非常に小さい領域から膨大なエネルギーを放射している」ということが、ブラックホールが存在するかもしれないという初めての証拠になりました。

それまで理論上のものだと思われてきたブラックホールは、以降たくさん発見されることになり、その存在は確かなものとなったのです。

また2019年には、国際協力プロジェクト「イベント・ホライズン・テレスコープ（EHT）」が、巨大ブラックホールの影の撮影に成功しました。ブラックホールの存在を、直接証明する快挙になりました。

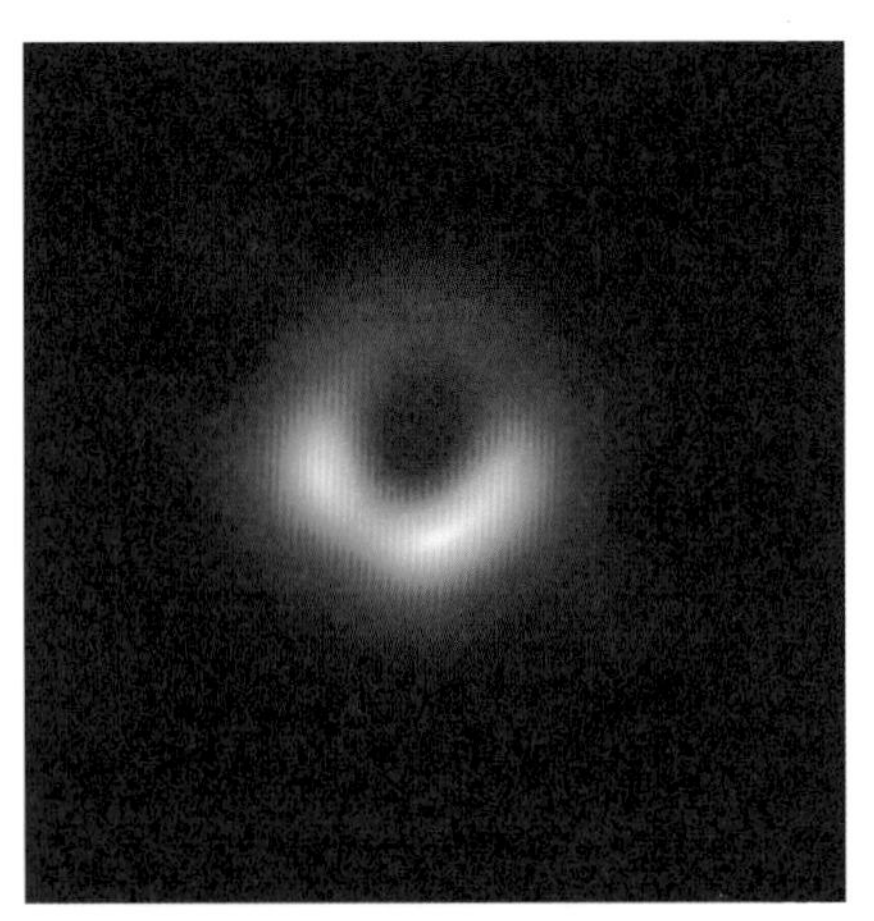

イベント・ホライズン・テレスコープが撮影した、銀河M87の中心にある巨大ブラックホールシャドウ。

58 ブラックホールの謎

ブラックホールは吸い込むだけではありません。周囲のガスやチリを吸い込む過程で、そのブラックホールを取り囲むように回転するプラズマガスの円盤ができます。

このときブラックホールからは、その円盤と垂直の方向に、細長いプラズマのガスが高速で噴き出す現象（宇宙ジェット）が観測されることがあります。

物質を吸い込む過程で莫大なエネルギーを生み出し、その一部をジェットとして放出しているのです。

この宇宙ジェットは、超巨大ブラックホールから噴き出された場合、光速に近いスピードを持っています。

しかし、どのようにしてできたのか、なぜ光の速度に近い速さまで加速されるのかなど、詳しい理由はまだ分かっていません。

2023年には、「おとめ座銀河団M87」の中心に存在する巨大ブラックホールを取

り巻く降着円盤と、ジェットを同時に撮影することに初めて成功したという発表がありました。

ブラックホールの周りにある降着円盤を直接捉えることは、研究者たちの長年の悲願でした。ブラックホールの謎が、いっそう解明されていくきっかけになるにちがいありません。

ブラックホールとその周りを回転する降着円盤、そしてそこから出るジェットの想像図。

59

地球の隣の星「プロキシマ・ケンタウリ」

夜空を見上げると、無数の星が鏤(ちりば)められていますが、その一つ一つは光の速さでも何十年、何百年とかかるほど、地球からはるか彼方の場所に存在しています。

そんな星（恒星）たちの中で、私たちに最も近い場所に存在するのが、「ケンタウルス座アルファ星系」にある「プロキシマ・ケンタウリ」という星です。最も近いといっても果てしない距離があり、4・2光年の距離です。

プロキシマ・ケンタウリは赤色矮星という小さくて暗い星なので、肉眼では見ることができません。質量は太陽の12・3％ほどです。

その他の星と比べて地球からとても近くにあるため、プロキシマ・ケンタウリの周りをまわる惑星を直接観測できるのではないかと、ずっと注目されていました。

しかし惑星を探すのはなかなか難しく、長い間その存在は謎のままでした。

ところが、2016年、長い試行錯誤の末に、ついに惑星が発見されたのです。この惑星は、「プロキシマ・ケンタウリb」と名付けられました。

プロキシマ・ケンタウリbは地球と同じように岩石や金属などから構成され、質量は地球の約1・17倍、大きさも約1・3倍と似ていることが分かりました。

プロキシマ・ケンタウリbの表面から、プロキシマ・ケンタウリを眺めている様子の想像図。

そして、約11日の周期で、プロキシマ・ケンタウリの周りをまわっています。これは太陽と地球の間の距離の約5%の距離しか離れていないがために、かなり至近距離をまわっているからです。

こんなにも恒星（主星）に近い場所をまわると、プロキシマ・ケンタウリbは灼熱（しゃくねつ）地獄になってしまうのではないかと心配ですが、プロキシマ・ケンタウリの表面温度が低いために、表面には液体の水が存在する可能性もまだあるようです。

一方で、プロキシマ・ケンタウリでは、太陽でも起こるような巨大なフレアが起こっています。この爆発現象では、生命に有害な放射線や高エネルギー粒子が降り注ぎます。フレアを至近距離で受けると、惑星の大気は宇宙空間に流出してしまい、高エネルギーの宇宙放射線が表面に降り注いでしまうでしょう。そのため残念ながら、プロキシマ・ケンタウリbに生命体が存在する可能性は低いと言われています。

現在はケンタウルス座アルファ星系への探査プロジェクト「ブレークスルー・スターショット」が進行しています。

技術の開発がうまくいけば、プロキシマ・ケンタウリやプロキシマ・ケンタウリbを間近で観察するための探査が始まり、いつの日かその姿を見ることができる日がくるかもしれません。

ちっぽけな銀河

私たちの地球がある太陽系は、広大な宇宙の中では、とてもちっぽけな存在です。

太陽系は、「天の川銀河」や「銀河系」とも呼ばれる銀河の端のほうに位置しています。

銀河とは、数十億から数千億という数の、太陽と同じ恒星が、互いにその重力によって集まってできたものです。

そして、その星たちが集まった銀河もまた、宇宙には無数に存在します。

銀河の種類も様々です。

・銀河系のように、円盤と中心部分の膨らみ（バルジ）があり、うずまきの腕を持つ「渦巻銀河」
・渦巻銀河と同じように円盤とバルジを持っているのに、うずまきの腕を持たない「レンズ状銀河」

・新しい星の材料となる、ガスやチリが濃く集まった部分をほとんど持たない「楕円銀河」
・激しい衝突によって変形したと思われる「不規則銀河」

などがあります。

銀河にこのように様々な形があることについてはまだまだ謎が多いです。

日本があり、地球があり、太陽系があり、銀河系があり、……私たちの世界はとても大きく、そして私たちはとてもとても小さいのです。

棒渦巻銀河NGC1300。一対のはっきりした腕と、バルジが棒のように見えるのが特徴。ハッブル宇宙望遠鏡が撮影。

群れる銀河団

私たちの太陽系がある「天の川銀河」の近くにも、大小様々な形の銀河があります。

たとえば「アンドロメダ銀河」や「さんかく座銀河」といった大きな渦巻銀河が存在します。

そして、その銀河の周りには、大きな銀河から力を受けて様々な形に変形した、暗くて小さな矮小銀河がたくさん存在します。

天の川銀河を含む、全部で50個近くある銀河の集まりを、「局部銀河群」と呼びます。

このように銀河同士も重力によって互いに引き合って集まり、グループを作っているのです。

銀河が数十個集まったグループのことを「銀河

アンドロメダ銀河

群」と呼び、さらに100〜1000個の銀河が1000万光年の空間に集まっているものを「銀河団」と呼びます。

そして、銀河群や銀河団が1億光年以上の大きさに連なっているのが「超銀河団」です。

私たちの天の川銀河は、局部銀河群に属していますが、局部銀河群は「おとめ座超銀河団」に属しています。

おとめ座超銀河団は「おとめ座銀河団」を中心とした半径6000万光年ほどの薄い円盤状になっていて、天の川銀河はその円盤の端のほうに位置しているのです。

アンドロメダ銀河

天の川銀河の近くにある渦巻銀河「アンドロメダ銀河」。

近くといっても、天の川銀河からの距離は250万光年先にあります。

天の川銀河は「局部銀河群」と呼ばれる銀河のグループに属していますが、その中で一番大きな銀河がアンドロメダ銀河。その直径は天の川銀河の約2倍あり、22万光年の大きさです。集まっている星の数も天の川銀河の2倍以上あります。

とても大きい銀河なので、地球から肉眼で見ることができます。

また、私たちが肉眼で見ることができる天体の中でも、最も遠い場所に位置しています。

アンドロメダ銀河はかつて、天の川銀河の中にあるチリやガスが集まった星雲だと考えられ、「アンドロメダ星雲」と呼ばれていました。その当時は、天の川銀河が「宇宙の全て」だと考えられていたのです。

ところが、1923~1924年にかけてアメリカの天文学者エドウィン・ハッブルは、アンドロメダ星雲を何度も観測し、その結果、天の川銀河よりもはるかに遠くにこの星雲があることを明らかにしました。

そして、天の川銀河の中にある星雲ではなく、外に存在する別の銀河だということを発見したのです。これがきっかけとなり、宇宙は天の川銀河の外にも広がっていることを人類は知ることになりました。これまでの宇宙観が大きく変わった瞬間でした。

アンドロメダ銀河の一部を詳細に撮影したもの。この写真の中に撮影された星は数百億個を超えている。

アンドロメダ銀河は、光の速さで250万年行った先にあるということですから、もし地球から見ることができたなら、その光は250万年前にアンドロメダ銀河から発された光ということになります。

250万年前と言えば、人類が打製石器を使い始めて狩りをした時代ですから、そのときの光を、現代の地球で見ることができるとは不思議な気持ちになります。

宇宙最大の星「スティーブンソン2－18」

今回は、宇宙最大の星をご紹介します。

太陽系の中で最大の星、太陽の直径は約139万km。地球の約109倍になります。地球を1mの球とすると、太陽は東京ドームほどの大きさがあります。

地球と比べると大きな星に思える太陽ですが、宇宙規模で見ると太陽より大きな星は、文字どおり無数の星のようにたくさんあります。

例えば、「さそり座」の「アンタレス」は太陽の約680倍、「オリオン座」の「ベテルギウス」は約750倍の大きさだと考えられています。

では、宇宙で一番大きな星はどれくらいの大きさなのでしょうか。

これまで見つかっている中で最大の星は、太陽の約2150倍の大きさを持つ「スティーブンソン2－18」だと考えられています。

この星は「たて座」の方向に約1万8900光年の距離にあります。

スティーブンソン2-18が、もし太陽の位置にあるとすれば、地球はもちろん土星の軌道まで丸ごとのみ込まれてしまうほどの大きさになります。

太陽と比べてみると、太陽が、ちっぽけな点のように見えるぐらい、スティーブンソン2-18は巨大で、恐怖すら感じるほどです。

ただし、地球から約1万光年以上離れた星となると、その大きさを直接測ることができません。

そのため、星が放つ光の特徴と見かけの明るさから間接的に求めた数値なので、大きさの精度は必ずしも高くないようです。

天の川銀河だけでも2000億個の星があると言われていますし、驚くほどの大きさの星がこの宇宙のどこかにあるとしても、決して不思議ではありません。

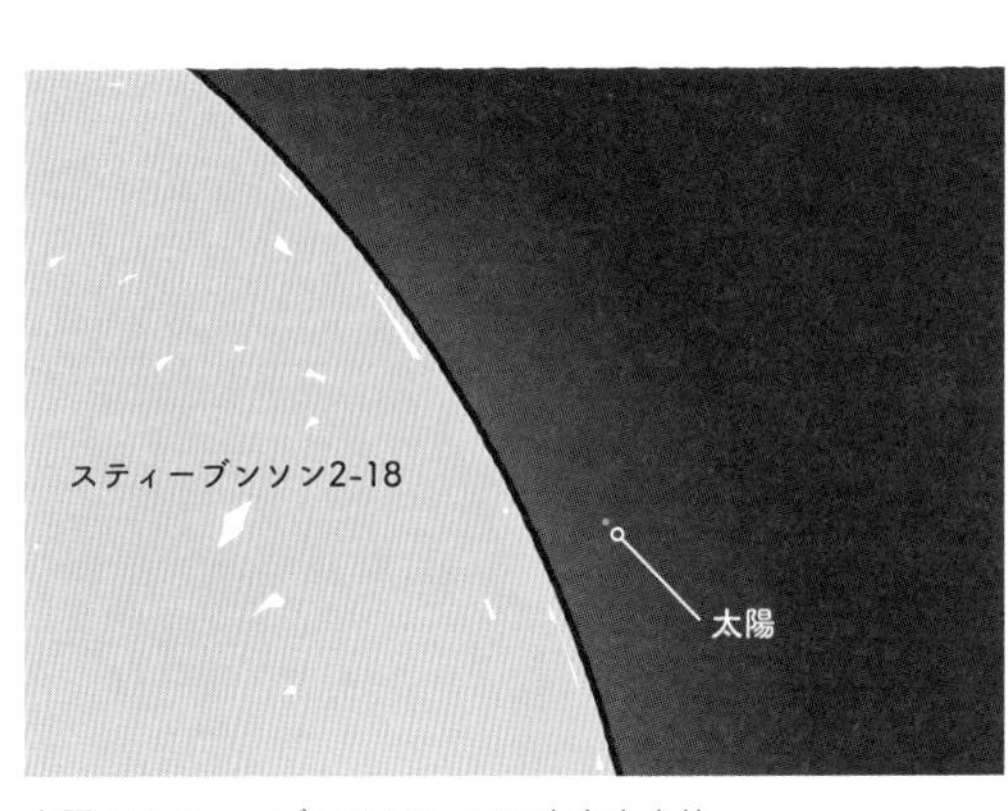

太陽とスティーブンソン2-18の大きさを比較したイメージ

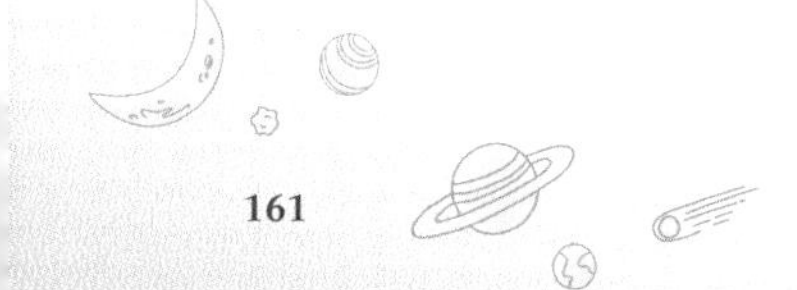

64 銀河の衝突

実は「アンドロメダ銀河」は、私たちの「天の川銀河」と深い関係があります。

この二つの銀河は、将来、衝突する運命にあるというのです。

現在、アンドロメダ銀河は天の川銀河に向かって時速40万kmの速さで近づいていることが分かっています。

そして37億年後、銀河の端のほうで衝突が始まります。

ただ、銀河同士の衝突といっても星と星の間隔はとても広いため、星同士がぶつかり合うことは稀です。基本的には互いの銀河を通り抜けるだけですが、その際に銀河は大きくかき乱され、銀河

天の川銀河とアンドロメダ銀河が衝突をはじめた様子のイメージ

の中のガスが濃縮されて新しい星が生まれるきっかけを作ります。

38億年後、星の形成が続いています。

40億年後、衝突した二つの銀河は互いを通り抜けますが、このときそれぞれの重力の影響を受けて大きく変形してしまいます。

互いに遠ざかっていった銀河は、51億年後には再び引き寄せられて2回目の衝突を起こします。

そして70億年後には、銀河は合体して巨大な楕円銀河となり、夜空の大部分を明るく照らすようになると考えられています。

このような銀河同士の衝突は決して珍しいことではなく、これまでも多く確認されています。

また、天の川銀河が所属する「局部銀河群」に存在する50個ほどの銀河たちも、いずれ衝突を繰り返して合体し、大きな銀河にまとまっていくだろうと考えられています。

天の川銀河という存在さえも、ゆくゆくは跡形もなく消え去ってしまうとは、宇宙の壮大さと儚さを感じずにはいられません。

65 銀河の中のブラックホール

アンドロメダ銀河は天の川銀河の隣にある渦巻銀河です。
その中心部分は膨らんでいて明るく輝いています。
そして、星が多く集まっていますが大体が年老いた星です。その中央には銀河の核があり、その中心にブラックホールが存在します。その周りを、若くて青い星や年老いた赤い星たちが取り囲んでいます。

直径が天の川銀河の2倍もある巨大なアンドロメダ銀河ですが、その中心をのぞいてみると、さらに驚くべきことが分かってきました。

まず、その中心にあるブラックホールの質量は、なんと太陽の約1億～2億倍もあります。

様々な銀河の中心にはブラックホールがあると考えられていますが、天の川銀河の中心にあるブラックホールの質量は太陽の約400万倍です。それに比べると、アンドロメダ銀河のブラックホールは桁違いの大きさであることが分かります。

さらに、X線観測衛星「チャンドラ」が撮影した画像によると、アンドロメダ銀河には35個のブラックホールが存在することがこれまでに分かっています。

地球から美しい姿が見てとれるアンドロメダ銀河ですが、実は超巨大なブラックホールを有しており、その他にもたくさんのブラックホールが存在する、荒々しい空間だったのです。

右上は、アンドロメダ銀河の中心部分を、X線で観測し拡大したもの。

チャンドラで撮影されたアンドロメダ銀河の核の部分。○で囲まれたところが、ブラックホール候補天体の輝き。

タイムトラベル

考えるたびに不思議な気分になるのですが、夜空を見上げて見ている星の光は、その星の「今」の光ではなく、「過去」に放った光を見ていることになります。

なぜそのようなことが起こるのでしょうか。

その理由は、星が地球からあまりにも遠くに離れていて、地球にその光が届くのにとても長い時間がかかるからです。

光のスピードは、秒速で約30万km。

月は地球から最も近い天体ですが、その距離は約38万kmで、地球に月の光が届くのに約1・3秒かかります。つまり、私たちは常に「1・3秒前の月」を見ているのです。

ほかに例を出すと、太陽の場合、地球から約1億5000万kmなので、計算すると、私たちは、常に約8分19秒前の太陽の姿を見ていることになります。

木星の場合は、約35分前の姿を見ているのです。

地球からもっと離れた星はどうでしょうか。

太陽から最も近い恒星の「プロキシマ・ケンタウリ」でさえ、光の速さで４・２年かかる場所（４・２光年）にあります。仮にその光を見たとき、４・２年前の姿を見ていることになります。

いずれ超新星爆発するだろうと考えられている、「オリオン座」の「ベテルギウス」は５５０光年離れているので、５５０年前の光を見ていることになるのです。

こうして考えると、遠くにある星ほど過去の姿を見ることになるので、まるでタイムトラベルをしているかのような気持ちになるのです。

67 星の等級

夜空を見上げると、明るい星もあれば暗い星もあることが分かります。

星の明るさは「等級（等星）」という単位を使って表されます。

肉眼で見える星の中で最も明るいものが「1等級」。そして、最も暗いものが「6等級」です。

1等級の星は、6等級の星の100倍の明るさと定義されています。そのため、6等級から1等級上がるごとに、約2・51倍明るくなるということになっています。

ちなみに、6等級よりも暗い星は、7等星、8等星のように区分され、1等級よりも明るい星は0等

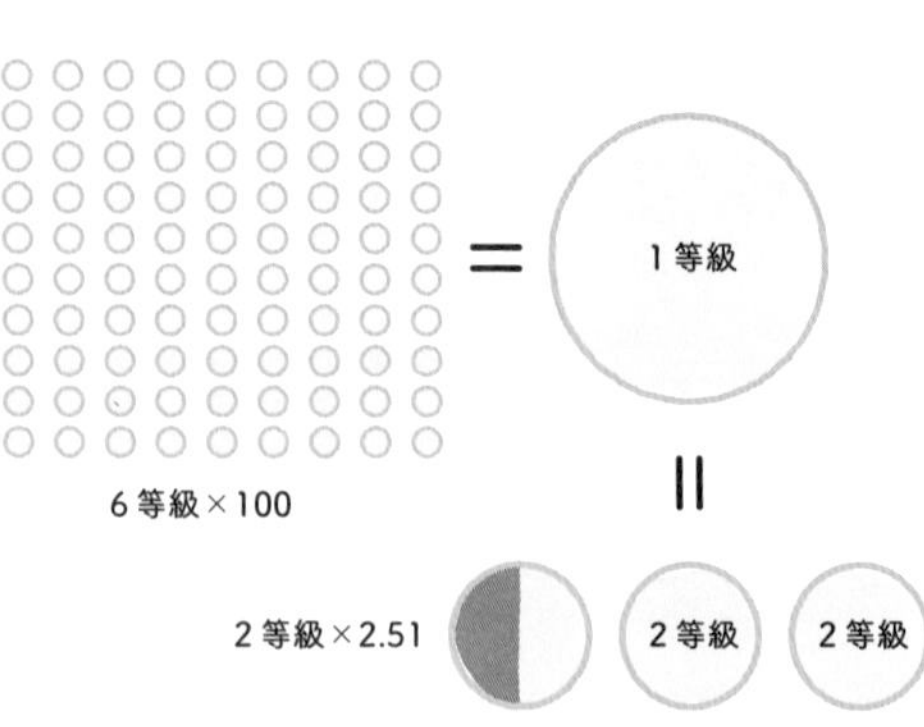

星の明るさのイメージ。

星やマイナス符号を付けて表すことができます。つまり等級とは、数が小さいほど明るく、さらにマイナスだといっそう明るいということです。

夜空の星（恒星）の中で、最も明るく見えるのはマイナス１・５等級のおおいぬ座の「シリウス」です。

ちなみに、満月はマイナス12・７等級、太陽はマイナス27等級です。

夜空に輝く星を明るさごとに分類すると、１等級より明るい星は21個、２等星は68個、６等星は５５０３個、そして９等星は12万個というように、暗い星の数はどんどん増えていきます。

すなわち、星は明るいものが目立つ一方で、暗く静かに光る星が無数にあるということです。

夜空で最も明るい星「シリウス」

夜空でひと際明るく輝く、おおいぬ座の「シリウス」。

シリウスは、冬の夜空で「オリオン座」の「三ツ星」の並びを左に延長したところに目をやると、比較的簡単に見つけることができる星です。

シリウスは「見かけの明るさ」は夜空で一番明るい星ですが、実際に宇宙で最も明るい星というわけではありません。太陽系から約8・6光年という比較的近くにあるために、明るく見えているだけにすぎないのです。

では、シリウスとは一体、どのような星なのでしょうか。シリウスは肉眼だと一つの星のように見えますが、実はおよそマイナス1・4等級で明るく輝く「シリウスA」と、およそ8等級の「シリウスB」という暗い星が、お互いの重力によって引き合う連星です。

シリウスBは、地球よりもやや小さいくらいの大きさですが、密度ははるかに高く、地球の35万倍の重力場を持ちます。

この星は、星が寿命を迎えて燃えカスとなった「白色矮星」だと考えられています。もともとシリウスBが星として輝いていたときは、シリウスAよりも重く巨大な星だったようです。

そのために、シリウスBは寿命を先に迎えて白色矮星になりました。

シリウスAとシリウスB。シリウスAの左上に、暗く小さな伴星シリウスBが見られる。

これからシリウスは、どのようになっていくのでしょうか。

シリウスBについてはすでに死を迎えているため、今後は長い時間をかけて冷えていくと考えられています。

一方でシリウスAは、シリウスBの後を追い、赤色巨星を経て、最終的には白色矮星になると考えられています。

Column

5

ネタ探し

基本的に自分自身が知りたいことをYouTubeのネタにするようにしていて、疑問に思ったことをどんどん掘り下げて調べていくという形で作っています。

専門的な宇宙の話となれば、初めて知る専門用語や概念が次々と出てきます。そのため本を読んだり、ウェブサイトで調べたりして、ネタを一つ追うだけでも相当な時間がかかり大変なこともあります。

でも基本的に、自分の知りたいことを調べていくので、楽しい作業でもあります。

情報源となるサイトはNASAやJAXAなど、信頼できる公的機関のものを重視するようにしています。SNSもチェックします。

石川県の能登半島にある星の観察館「満天星」さんや、宇宙物理学者の村山斉（むらやまひとし）先生、この本の監修をしてくださっている渡部潤一（わたなべじゅんいち）先生のX（旧Twitter）は私のお気に入りのSNSです。

今では様々なSNSに宇宙や天体観測が好きな方々のコミュニティがあるので、ぜひお好みのものを探してみてください。

第6章 宇宙

宇宙のひろがり

夜空を見上げると、そこには月と美しい星々を見ることができます。
私たちが住む地球から月までは時速300㎞の新幹線でも、およそ53日はかかる距離。
今回はさらに地球と月から離れ、宇宙の広がりを感じてみましょう。

地球は、八つの惑星からなる太陽系の一部です。
太陽から最も遠い惑星、海王星までの距離は、太陽と地球の距離の30倍ほど。さらに遠くへ進むと、彗星の故郷「オールトの雲」に出合います。

太陽系を球状に取り囲むオールトの雲は、太陽と地球の距離の数万倍と遠く離れた場所にあり、水や二酸化炭素、メタンなどが凍ってできた天体が集まって形成されています。

約45年前に打ち上げられ、現在地球から最も遠い場所を旅している「ボイジャー1号」も、いまだにオールトの雲には到達できていません。また、数百～数十万年以上の長い時間をかけて、大彗星はこのオールトの雲からやってきます。

太陽系を抜けると、太陽のように自ら輝く恒星が集まる「天の川銀河」の中になります。

天の川銀河は円盤のような形をしていて、直径は約10万光年。私たちの太陽系は、その中心から約2万8000光年離れた「銀河系（天の川銀河）」の縁の部分にあります。銀河系には、太陽のような星々が約2000億個存在し、その中心には巨大なブラックホールがあります。その周りを太陽系は秒速約240㎞のスピードでまわり続けています。

さらに銀河系の外を見渡してみましょう。銀河系の近くには「小マゼラン雲」や「大マゼラン雲」などの小さい銀河や、大きな渦巻銀河である「アンドロメダ銀河」などが存在します。

これらの銀河と私たちの銀河系は互いに重力で影響し合いながら局部銀河群（50個近くある銀河の集まり）を作っています。

このように宇宙には、私たちの銀河系と同じように、星々が集まる銀河が、数千億

ハワイ島マウナケア山で撮影された「天の川」

個は存在しているのです。

果てしない宇宙の広がり。

その中に無数に存在する星々のことを思うと、地球は海岸にある砂粒よりも小さな存在のような気がします。

そんな地球で皆、楽しみながら悩みながら懸命に生きているということを、ふと考えてしまいます。

70 宇宙の果て

果てしなく広がる宇宙。その果てはどこにあるのでしょうか。そもそも宇宙の端なんて存在するのでしょうか。

この「宇宙の果て」についてはまだまだ解明されていないことが多いのですが、実は望遠鏡の性能がどんなに上がっても、宇宙の果てを見ることはできません。

その理由は、技術的な限界からではなく、「光がない時代の宇宙」は観測が不可能だからです。

なぜなら、宇宙の誕生は138億年前と考えられていますが、宇宙が誕生してから最初の2億年間はまだ星ができておらず、「光」というものが一切ありませんでした。

そのため、光のない時代の宇宙を観測してもなにも捉えることができず、たとえ「宇宙の端」があったとしても観測すること自体、不可能なのです。

また、光のスピードは有限なため、宇宙で遠くの星を見たとき、私たちはその星の

昔の光を見ることになります。

例えば、私たちが地球から月を見るとき、それは1・3秒前の月ですし、太陽の場合は、8分19秒前の太陽を見ていることになります。

地球からの距離が離れていれば離れているほど、それはタイムマシンで過去にさかのぼったかのように、昔の宇宙を見ていることになるのです。


このように観測できる範囲には限りがあることから、人類が観測できる範囲をもってして「宇宙の端」とする考え方もあります。

どこまで思いを馳せるのか、想像するのは自由です。

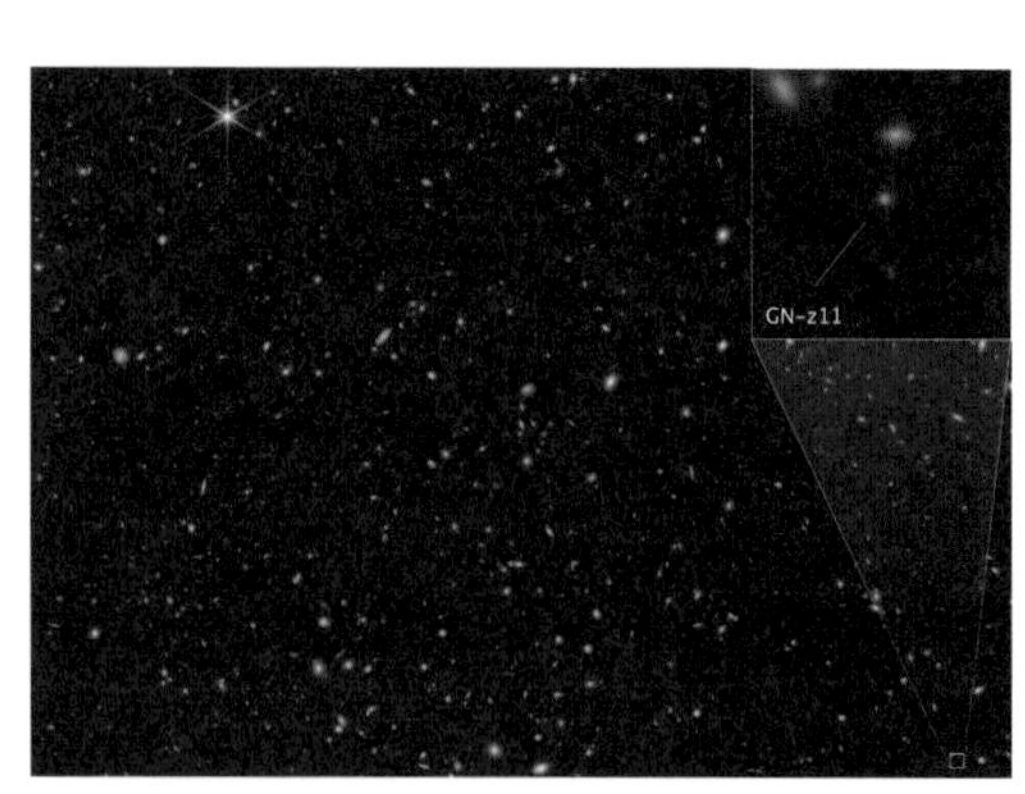

GN-z11。宇宙誕生からわずか4億3000年後の134億年前には存在していたことが観測されている。2022年に「HD1」が発見されるまでは、観測可能な範囲において最も古く、最も遠方にある天体だった。

71 宇宙の構造

銀河は、100~1000個集まって「銀河団」を形成します。そして、この銀河団が集まると「超銀河団」という集団になります。

この宇宙にある無数の銀河は、実は満遍なく広がっているわけではなく、銀河が多く集まっている領域と、ほとんど存在しない領域に分かれています。

銀河がほとんどない宇宙の領域は、「ボイド」と呼ばれて、その大きさは数億光年ほどになります。

宇宙は銀河が長い糸状につながった「銀河フィラメント」と、空洞のボイドが入り組んだ構造だということが分かってきました。

この泡のような構造は、「宇宙の大規模構造」と呼ばれます。また、石鹸を泡立てたときにできる泡の構造に似ているので、「宇宙の泡構造」と呼ぶこともあります。

銀河は泡の膜部分に集中して存在し、内側にはほとんどありません。また、泡は無数に存在してどの方向にも広がっています。

このような構造になっている原因は、質量はあるものの、通常の観測手段では検出できない暗黒物質「ダークマター」だと考えられています。詳しくは183ページでお話ししますが、ダークマターはその重力によって天体を引き寄せているのです。

誕生直後の宇宙では、熱いガスとダークマターが広がりました。

そして、ダークマター同士でかたまりができ、それが今の宇宙の構造のもとになったと考えられています。

72 革命的な「ジェイムズ・ウェッブ宇宙望遠鏡」

2021年12月25日、人類の英知を結集した史上最大の宇宙望遠鏡「ジェイムズ・ウェッブ宇宙望遠鏡（JWST）」が打ち上げられました。これまでの最大のものはハッブル宇宙望遠鏡でしたが、その口径は2・4m。JWSTは6・5mでまさに史上最大です。口径が大きいほど、より細かいものを見分ける性能が上がるのです。

NASAや欧州宇宙機関（ESA）、カナダ宇宙庁（CSA）などが共同で開発した望遠鏡で、かつてない解像度を持つ高感度赤外線検出器が4基搭載されています。

JWSTは宇宙で最初に生まれた星「ファースト・スター」の光や、太陽系外にある惑星など、その世界最高の観測技術によって、宇宙のあらゆる時代を探索しようとしています。

JWSTが最初に撮影した写真には、暗いものも含めて何千もの銀河が写し出されています。

横一列の平面に存在しているのではなく、手前にあるものや遠くにあるものなど、実

に様々な銀河が写っています。中には、130億年以上の時をかけて私たちのもとへやって来た銀河の光も含まれています。

宇宙が始まったのは約138億年前のことなので、初期の宇宙がどのようなものであったかを知る、大きな手掛かりとなっていきます。

JWSTは赤外線による観測に焦点をしぼっており、その理由は、宇宙の初期に生まれた天体の光は宇宙膨張によって波長が引き伸ばされ、現在では近赤外線として観測されるからです。

JWSTはまさに、宇宙の始まりの謎を解くために最適な宇宙望遠鏡なのです。

ジェイムズ・ウェッブ宇宙望遠鏡を搭載したアリアンスペース社のアリアン5ロケットが打ち上げられた。

73 謎の物質「ダークマター」

太陽系にある惑星や星、銀河がなにで構成されているのか、少しずつ解明されてきています。

実は、私たちの目や望遠鏡で見ることができる宇宙は、陽子や中性子といった「物質」でできているごくわずかな部分だけです。

宇宙には、この目で見ることができる物質のほかに、「目に見えない物質や力」が相当な量あると考えられています。

その裏付けとして、星や銀河、宇宙に漂うガス、私たちの体を作っているような目に見える物質などの重力すべてをかき集めても、銀河を高速で回転させたり、星やガスを銀河に引き付けたりしておくには、重力がまったく足りないことが分かっているのです。

実は、目に見える物質をすべて集めても、宇宙全体のたった4％ほどにしかならず、残りの96％は正体不明の謎の物質で、これが宇宙の基本的な構造を支えています。

そして、その謎の物質のうち、通常の物質と同様に重力を発生させているものを「ダークマター（暗黒物質）」と呼びます。

ダークマターは、高速に回転する星やガスが銀河の中から飛び出さないように、その速度を調節する役割を担っています。

より大きなところでは、銀河団の中で動き回る銀河同士を引きつけて、銀河が銀河団から飛び出さないようにする働きをしています。

私たちが見ている宇宙は、ほんの一部にすぎないのです。

74 膨張する宇宙

宇宙は、今もなお広がり続けています。

1920年代、アメリカの研究者エドウィン・ハッブルは、宇宙に存在する銀河が、地球から遠くにあるものほど、より大きな速度で遠ざかっていることを発見し、「宇宙は膨張している」ことが明らかになりました。

当時は、いずれ重力の影響で宇宙の膨張スピードは落ちて、やがて収縮していく可能性もあると考えられていました。

ところが、宇宙の膨張は遅くなるどころか、加速していることが発見されます。

そして、「宇宙膨張は加速している」という研究結果は、2011年ノーベル物理学賞受賞に結びつきました。

この研究では、遠方の銀河の中に出現した超新星の明るさを測定することで、宇宙膨張が加速していることを突き止めたのです。

このように宇宙が収縮することなく膨張する原因は、「ダークエネルギー」が存在するからだと考えられています。

ダークマターに引き続き、ダークエネルギーという存在。宇宙全体に広がっており、「負の圧力」を持つ仮想エネルギーで、その名のとおり、詳しいことはまだ分かっておりません。

ダークエネルギーは、宇宙の質量とエネルギーの68・3％をも占めており、ダークマター（暗黒物質）の約2・5倍宇宙空間に存在することになります。このダークエネルギーが増加して重力を上回ると、宇宙の膨張は加速していくことになるのです。

こんなに技術が発展している現代においても、まだまだ解明できないものがたくさんあり、そしてそれが多数を占めている世界が宇宙なのです。

宇宙のはじまり

宇宙のはじまり、すなわち私たちが生きるこの世界の起源はいつだったのでしょうか。それは今から138億年前、この宇宙は「無」の状態から、ある一点が急膨張してできました。

「無」の状態には、今も宇宙を膨張させているダークエネルギーに似た、「真空エネルギー」という巨大なエネルギーが詰まっていました。この真空エネルギーが、「相転移（そうてんい）」という状態が変化する現象を起こして大量のエネルギーを放出し、宇宙は急速に膨張したのです。この現象を「インフレーション」と呼びます。

インフレーションは、その最初から、10のマイナス34乗秒という一瞬に起こったと考えられています。そしてインフレーションが収まると、そのときに出た膨大な熱エネルギーによって宇宙は加熱され、超高温・超高圧の「火の玉」のようになりました。これを「ビッグバン」と呼びます。

その頃の宇宙の温度は1兆度の1億倍という、想像もできないほどの超高温状態でした。膨張を始めて、宇宙の空間が広がることで、エネルギーや物質の密度が小さくなり、宇宙は徐々に冷やされていきました。

そして、宇宙が誕生して1万分の1秒後には、それまで自由に飛び回っていた素粒子が集まり、陽子や中性子を作りました。またビッグバンの3分後には、元素の中で最も軽い水素やヘリウムなどの原子核が生まれました。

このように、宇宙誕生からたった3分間に、現在の宇宙が形づくられるのに鍵となる出来事が、信じられないスピードで次々と起こったと考えられているのです。

76 宇宙の晴れ上がり

誕生から間もない宇宙は、「火の玉」のような宇宙でした。

その頃の宇宙では、すさまじいほどに高エネルギーな状態で、様々な粒子が激しく飛び交っていました。互いに引き合って結合した「原子核」と「電子」もすぐに引き離され、バラバラの状態で存在していました。

原子核と電子は、それぞれプラスとマイナスの電荷を帯びていて、そのような状態の粒子が飛び交っている中では、光は粒子にぶつかり進行方向が曲げられて真っ直ぐ進むことができませんでした。まるで霧の中で、光が真っ直ぐ通り抜けられないような状態だったのです。

そんな宇宙に変化が起きます。誕生してから約38万年後、光が真っ直ぐ進めるようになりました。

この頃の宇宙の温度は3000度まで下がり、中性の原子ができても、それを壊すほどのエネルギーはなくなったのです。

この変化によって、宇宙にはたくさんの原子が生まれました。代わりに、これまで電荷を帯びて飛び回っていた原子核や電子は飛び回らなくなり、光が遠くまで真っ直ぐ届くようになりました。これを「宇宙の晴れ上がり」と呼びます。

この頃にはすでにダークマターも存在し、その密度は偏っていました。

そして、宇宙の中に生まれた原子たちは、このダークマターの重力に引き寄せられて集まり、原子の密度が高く、重力が大きい場所がどんどんできていきました。

このようにして密度が濃い場所に、星や銀河が生まれていったのです。

偶然見つかったビッグバンの証拠

1964年、アメリカのベル研究所に勤めていたペンジアスとウィルソンの二人は、宇宙の晴れ上がりのときに真っ直ぐ進めるようになった光を捉えることに成功しました。

この光のことを「宇宙マイクロ波背景放射」と言います。

当時二人は、通信衛星用のマイクロ波のアンテナを研究していました。

研究の一環としてアンテナがキャッチする雑音を減らすことを試みていたのですが、なかなか減らない正体不明の雑音を見つけます。さらに調べてみると、アンテナを空のどの方向に向けてもその雑音は同じように聞こえました。

そして二人は、この雑音はもしかすると「宇宙全体から届いている電波なのではないか」と気づいたのです。

研究を進めた結果、「ビッグバン理論が正しければ観測できるはず」と予言されていた電波であり、「宇宙の晴れ上がり」によって真っ直ぐ進めるようになったものだとい

うことが分かりました。

ビッグバンによって発生した光が、１３８億年の時間をかけて、確かに地球にやってきていたのです。

そして、今もこの地球上に、その光は宇宙膨張によるマイクロ波の電波になってやってきているのです。

星くずでできた私たち

地球上には、原子番号1～94までの「元素」が存在しています。

ですが、宇宙が誕生した瞬間には、私たち人類の体を形づくる元素は存在していませんでした。

では一体、私たちの体のもとになる元素は、どこからやってきたのでしょうか。

宇宙誕生の瞬間には「原子」自体が存在せず、あらゆる粒子がバラバラに飛び交っている状態でした。

なお、原子とは物質を構成する粒子のことで、元素はその原子の種類をいいます。

やがて宇宙が冷えて、陽子と中性子が引き合っ

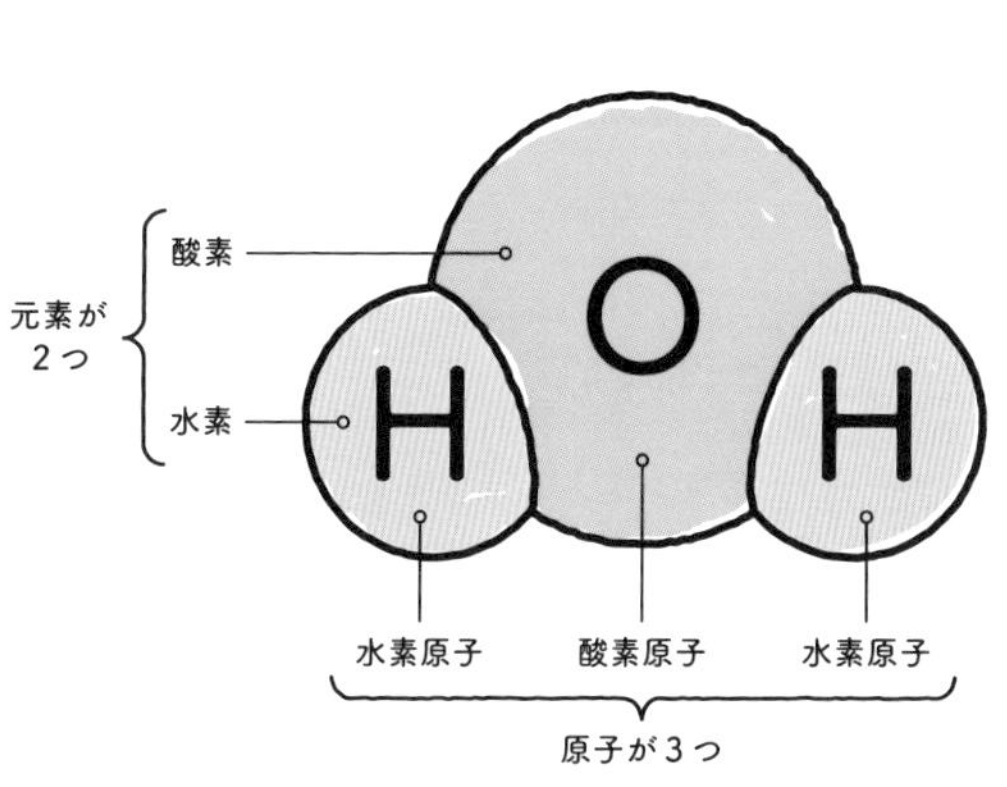

水(H_2O)の場合、原子は水素原子二つと酸素原子一つ、元素は水素と酸素の二種類。

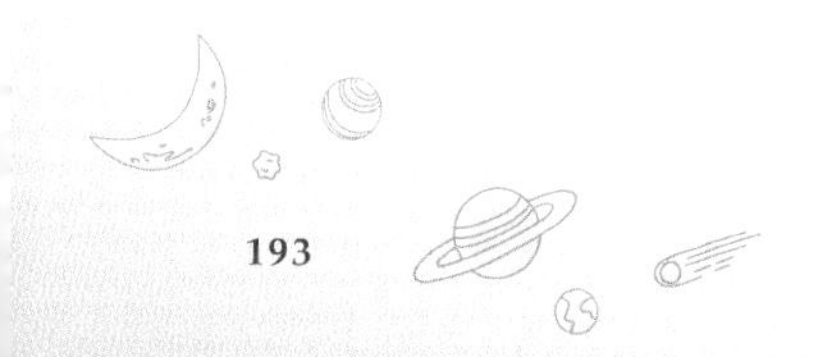

て原子核を作り、まず水素やヘリウム、リチウムといった原子番号1～3までの軽い元素ができました。

次に、宇宙に星が誕生して核融合反応が始まると、人類が生きるうえで必要な酸素や炭素ができました。星の中で水素やヘリウムの核融合反応が進み、酸素や炭素、そして鉄といった元素が星の中でどんどん作られていったのです。

そこから、寿命を迎えた星が内部で作ってきた元素を、超新星爆発などによって宇宙空間にばらまきます。そして、それらを材料にしてまた新しい星が生まれます。このようなことが宇宙で繰り返されていきました。

その結果、地球上には様々な種類の元素が存在することになりました。だからこそ私たちの体は、超新星爆発などで生まれた星くずで作られているとも言えるのです。

また、私たちの体を形づくっている元素も、もっと細かく分解していけば、すべては「素粒子（そりゅうし）」からできています。素粒子は原子よりもさらに小さく、物質を表す最小単位です。

そのような目に見える素粒子以外に、「目に見えない素粒子」が存在します。その名も「ヒッグス粒子」。この粒子は、物質に質量を与える粒子で、別名「神（かみ）の粒子」とも呼ばれます。

ヒッグス粒子は、物体が物体として存在できるように働き、この宇宙空間にぎっしりと詰まっているといいます。もしも、このヒッグス粒子がなくなってしまうと、私たちの体はあっという間にバラバラになってしまいます。

私たちの体は素粒子のかたまりであり、この世界のあらゆるものが同じく素粒子でできています。宇宙を理解するためには、まずは身近な素粒子を知る必要があります。すべてはつながっていて、そこに始まりも終わりもないのかもしれません。

宇宙に初めてうまれた星

これまで宇宙についてお話をしてきましたが、一つ疑問に思うことがあります。
それは、この広い宇宙で初めて誕生した星とは一体何だったのか、ということです。

「宇宙の晴れ上がり」(詳しくは189ページ)の後、原子たちは、ダークマターの重力に引き寄せられる形で、原子の密度が濃い場所、薄い場所が生まれました。
原子の密度が濃い場所は、濃いガス雲がかたまり状になっていて、その重力によってさらに物質を引き寄せていきました。

そして、より高密度に、より小さくなるにつれて、そのかたまりの中心温度が上がり、最終的に核融合が起こるほどに熱くなっていきました。
これこそが宇宙に初めて生まれた星、「ファースト・スター」です。

ファースト・スターは、宇宙誕生の3億年後頃に生まれ、その質量は太陽よりも約30〜300倍と重く、そして何百万倍も明るかったと考えられています。

また、金属などの重い元素を含まず、水素やヘリウムといった軽い元素のみでできているのが特徴です。

実はこのファースト・スター、理論上では存在していますが、まだその姿を発見することはできていません。

世界最高峰の解像度を持つ「ジェイムズ・ウェッブ宇宙望遠鏡」もその姿を追っており、星のスペクトル（光の波長を視覚的に配列したもの）を調べて金属を含まない星を探す研究も続けられていますが、まだ見つかっていないのです。

最初にうまれた星。その姿を目にする日は来るのでしょうか。

80 無限にあるかもしれない

これまで様々な天体や宇宙のしくみについてお話ししてきましたが、私たちの宇宙は果たして、「唯一無二のもの」なのでしょうか。

実は宇宙の研究をしている科学者たちの中には、「この宇宙は一つではなく、別の宇宙が数多く存在している」と考える人たちがいます。このような宇宙を、唯一の宇宙（ユニバース）に対して、「マルチバース（多元宇宙）」と言います。

マルチバースは、宇宙が誕生するときに起こったインフレーション理論でも予言されていました。様々な理論がありますが、ここでは一例を挙げてみます。

まず最初に、インフレーションが起きた宇宙を母体として考えます。

その中で、局所的にインフレーションに取り残され、圧縮された空間としてワームホール（時空のある一点と他を結ぶ空間領域）ができます。そして、ワームホールの先にインフレーションが起き、子宇宙、さらにその中に孫宇宙ができていきます。

このように宇宙の多重発生が起きることで宇宙は無限に存在するというのです。

宇宙が誕生し、物質エネルギーが成り立ち、天の川銀河や太陽が生まれ、そこから何十億年もかけて、現在の地球が生まれたということ。

数々の偶然が重なり合って、今こうして人類が生きているということは紛れもない奇跡であり、一方で人類が誕生する条件があまりに揃いすぎていることは不思議でなりません。


もしかしたら、私たちが知らない宇宙がいくつもあって、そこで同じように数々の奇跡が起き、まるで人類のような生命体が、私たちと同じように宇宙の不思議さに頭をひねっているのかもしれません。


この宇宙のほかに別の宇宙があるのか、それを確かめる術を現在のところ人類は持っていません。

ですが、想像をやめないでおきましょう。

私たちが想像をやめないかぎり、宇宙は果てしなく広がり続け、そしてその可能性は無限に広がっていくのです。

Column

6

宇宙に救われた会社員時代

社会人になって初めての仕事は、職種的に厳しいルールが多くありました。その細かいルールを守らなければならないことに、ストレスを抱えて苦しんでいた時期があったのです。

そんなときに、ふと星空でも見てみようと思い、休日の夜、山のほうまでドライブに出かけました。道の駅に車をとめて見上げたら、満天の星が広がっていました。星が迫ってくるように見えて感動したのをはっきりと覚えています。

そこでふと、「宇宙はこんなにも広くて、私たちはその宇宙の一部にすぎないんだ」と実感できたことが、私にとってとても大きな出来事でした。気持ちがすっとラクになって、そんなにストレスを抱えて生きなくても大丈夫なんだ、と思えるきっかけになったのです。

その頃から、私はストレスを感じると星を眺めて心をリセットし、ゼロに戻すという習慣を持つようになりました。

今でも追い詰められそうになると、あのときの星空を思い出します。宇宙という存在に、今も昔も、そしてこれからもずっと救われています。

著者

宇宙(うちゅう)すずちゃんねる

数億年後の地球の姿や太陽系惑星の秘密、生命誕生の奇跡など、ロマンあふれる宇宙について解説する宇宙科学YouTubeチャンネル。実写映像や写真、独自の編集スキルを駆使した分かりやすくて興味深い動画構成に加え、聴く人の心を癒やしてくれる心地よい声が人気を博す。チャンネル開設からわずか２年足らずでYouTube登録者数は27万人を超える。

監修

渡部潤一(わたなべじゅんいち)

1960年福島県生まれ。1983年東京大学理学部天文学科卒業、1987年同大学院理学系研究科天文学専門課程博士課程中退。東京大学東京天文台を経て、現在、国立天文台上席教授および総合研究大学院大学教授。国際天文学連合副会長。太陽系天体研究のかたわら最新の天文学の成果を講演、執筆するなど幅広く活躍している。著書に『賢治と「星」を見る』(NHK出版)、『第二の地球が見つかる日』(朝日新書)、『面白いほど宇宙がわかる15の言の葉』(小学館101新書)など多数。

おわりに

社会人になって勤めた会社では、単調な毎日が待っていました。当時はコロナ禍で思うように出かけられず、何もしていないのに、ただ時間だけが過ぎていく、そんな毎日にうっすら恐怖すら感じていました。そんなとき、家で新しくできることはないかと、YouTubeを思い切って始めることにしたのです。

最初は寝る間も惜しんで、宇宙のことを調べたり編集したり。のめり込みすぎて体調をくずしたこともありましたが、今となってはいい思い出になっています。そして、一生懸命に宇宙について調べるうちに、だんだんと地球の存在は奇跡なんだ、その奇跡の上に私たちは生きているんだと確信を持てるようになりました。

宇宙から地球を眺めれば、地球はたくさんある星の中の、認識もされないぐらい小さな星の一つにすぎません。でも、その星には豊かな自然があり、文明が発展していて、約80億近くの人々、そして870万種以上の生物が生きています。46億年前に地球が誕生してから、たくさんの命がつながって、その奇跡の上に、今私たちが生きています。

観測技術がここまで進んでも、地球以外の星にいまだ生命が見つかっていない一方で、地球にはたくさんの命が存在し、住む環境も整えられている。そのことだけで奇跡だと思うようになってからは、「自分の人生をちゃんと生きなくては」とか、「何かを積み上げて達成しなくては」といった気持ちが不思議と消えていきました。

その代わりに、人生をもっと気楽に考えて、楽しんで生きようと思えるようになったのです。

YouTubeを始めて、たくさんの方に喜んでもらえたことも私の自信になりました。それまで「絶対にこれを達成しなくては」と自分を縛っていたものから解放され、今では、これまで生きてきた中で一番人生を楽しめているように思います。いつも楽しみにしてくださっている方が、何回も見にきてくださり、気持ちがふわっと軽くなるような動画を、これからも自分のできる範囲でコツコツと作っていけたらと思っています。

最後に、専門的な知見で宇宙に関するあらゆる情報を確認・整理くださった天文学者の渡部潤一先生、慣れない執筆作業を懇切丁寧にやさしくサポートしてくださったライターの柳澤聖子さん、この本を作るきっかけをくださった編集者の笠原裕貴さんに感謝します。

宇宙の成り立ちや神秘に想いを馳せることは、私たち人類の大きなテーマなのかもしれません。宇宙に触れる時間を持つことで、読者のみなさんの人生が、さらに輝くことを願っています。

宇宙すずちゃんねる

参考文献

★縣 秀彦監修『あなたの知らない宇宙138億年の謎』洋泉社(2014)
★涌井 貞美『[図解]身近な科学 信じられない本当の話』KADOKAWA(2018)
★渡部 潤一監修『眠れなくなるほど面白い 図解 宇宙の話』日本文芸社(2018)
★渡部 潤一監修『宇宙 新訂版 [講談社の動く図鑑MOVE]』講談社(2019)
★大内 正己『小学館の図鑑NEO〔新版〕宇宙 DVDつき』小学館(2018)
★国立研究開発法人海洋研究開発機構
『2億5000万年後までに日本列島を含んだ超大陸アメイジアが
北半球に形成されることを数値シミュレーションにより予測』(2016)
(https://www.jamstec.go.jp/j/about/press_release/20160804/)
★国立天文台『日食とは』(https://www.nao.ac.jp/astro/basic/solar-eclipse.html)
★高水 裕一『宇宙人と出会う前に読む本 全宇宙で共通の教養を身につけよう』講談社(2021)
★宮原 ひろ子『地球の変動はどこまで宇宙で解明できるか』化学同人(2014)
★ヘンリー・ジー『超圧縮 地球生物全史』ダイヤモンド社(2022)
★ケヴィン W.ケリー『地球/母なる星』小学館(1988)
★National Science Review／
Will Earth's next supercontinent assemble through the closure of the Pacific Ocean？(2022)
★National Geographic『冥王星、探査から1年でわかった5つの事実』(2016)
(https://natgeo.nikkeibp.co.jp/atcl/news/16/071900267/)
★National Geographic『地球に「最も似ている」太陽系外惑星を発見』(2015)
(https://natgeo.nikkeibp.co.jp/atcl/news/15/072400197/)
★NASA／The Crab Nebula Seen in New Light by NASA's Webb
(https://www.nasa.gov/missions/webb/the-crab-nebula-seen-in-new-light-by-nasas-webb/
?utm_source=FLICKR&utm_medium=James+Webb+Space+Telescope&utm_
campaign=NASASocial&linkId=244916776)
★NASA／NASA's Chandra Turns up Black Hole Bonanza in Galaxy Next Door
(https://www.chandra.harvard.edu/press/13_releases/press_061213.html)
★NASA／NASA's Curiosity Views First 'Sun Rays' on Mars
(https://mars.nasa.gov/news/9358/nasas-curiosity-views-first-sun-rays-on-mars/)
★NASA／NASA Enters the Solar Atmosphere for the First Time, Bringing New Discoveries
(https://www.nasa.gov/solar-system/nasa-enters-the-solar-atmosphere-for-
the-first-time-bringing-new-discoveries/)
★NASA／Earth's Magnetosphere: Protecting Our Planet from Harmful Space Energy
(https://science.nasa.gov/science-research/earth-science/
earths-magnetosphere-protecting-our-planet-from-harmful-space-energy/)
★NASA／About the Planets(https://science.nasa.gov/solar-system/planets/)
★NASA／A Bear Lookalike on Mars(https://science.nasa.gov/resource/a-bear-lookalike-on-mars)
★JAXA『土星衛星タイタン離着陸探査 Dragonfly』
(https://www.isas.jaxa.jp/missions/spacecraft/developing/dragonfly.html)
★JAXA『小惑星イトカワの素顔に迫る-「はやぶさ」科学的観測の成果-』
(https://www.jaxa.jp/article/special/hayabusa_sp3/index_j.html)
★JAXA『月面の環境（レゴリスを中心に）』(https://edu.jaxa.jp/contents/other/himawari/pdf/2_moon.pdf)
★JAXA『宇宙でからだはどうなる？』(https://humans-in-space.jaxa.jp/life/health-in-space/body-impact/)

P102 … NASA/JPL/SSI/Saturn Outer C Ring
P104 … NASA/JPL/SSI/Zooming In On Enceladus Movie
P105 … NASA/JPL/SSI/Hazy Orange Orb
P106 … NASA/ESA/JPL/Univ. of Arizona/Mercator Projection of Huygens View
P109 … NASA/JPL/Uranus as seen by NASA Voyager 2
P111 … NASA/JPL/Neptune
P113 … NASA/Johns Hopkins Univ./SRI/Pluto Big Heart in Color
P114 … NASA/Johns Hopkins Univ./SRI/Pluto Icy Plains Captured in Highest-Resolution Views from New Horizons
P116 … NASA/JPL/Europa Clipper Spacecraft (Illustration)
P118 … NASA/Perseid Meteor Shower
P121 … NASA/KSC-97pc472
P127 … NASA/SDO/AIA/Pulses from the Sun
P127 … NASA/JPL/Earth - South America First Frame of Earth Spin Movie
P129 … NASA/James Webb Space Telescope NIRCam Image of the "Cosmic Cliffs" in Carina Nebula
P130 … ESO and P. Kervella/A close look at Betelgeuse
P133 … NASA/Hubble Spins a Web Into a Giant Red Spider Nebula
P137 … NASA/Preview of a Forthcoming Supernova
P139 … NASA/JPL/The Tortured Clouds of Eta Carinae
P141 … NASA/JPL/Univ. of Toledo/The Sword of Orion
P141 … SPECULOOS Team/E. Jehin/ESO/First Light for SPECULOOS Southern Observatory's Callisto Telescope
P142 … NASA/New Hubble Observations of Supernova 1987A Trace Shock Wave
P143 … NASA/The Dawn of a New Era for Supernova 1987a
P145 … NASA/ESA/JPL/Arizona State Univ./Crab Nebula
P145 … NASA/CXC/SAO/F.Seward et al./NASA Satellites Find High-Energy Surprises in 'Constant' Crab Nebula
P146 … NASA/ESA/STScl/Behemoth Black Hole Found in an Unlikely Place
P148 … EHT Collaboration
P150 … NASA/JPL/Black Hole With Jet (Artist's Concept)
P152 … ESO/M. Kornmesser/Artist's impression of the planet orbiting Proxima Centauri
P155 … NASA/ESA/STScl/AURA/WIYN/Barred Spiral Galaxy
P156 … NASA/JPL/Andromeda
P159 … NASA/Hubble's High-Definition Panoramic View of the Andromeda Galaxy
P162 … NASA/ESA/STScl/T.Hallas/A.Mellinger/NASA's Hubble Shows Milky Way is Destined for Head-On Collision
P165 … X-ray (NASA/CXC/SAO/R.Barnard, Z.Lee et al.), Optical (NOAO/AURA/NSF/REU Prog./B.Schoening, V.Harvey; Descubre Fndn./CAHA/OAUV/DSA/V.Peris)
P171 … 国立天文台/シリウスとシリウスB
P175 … 国立天文台/天の川の中心付近
P178 … NASA, ESA, CSA, STScI, Brant Robertson (UC Santa Cruz), Ben Johnson (CfA), Sandro Tacchella (Cambridge), Marcia Rieke (University of Arizona), Daniel Eisenstein (CfA)
P182 … NASA/James Webb Space Telescope Launch

写真クレジット

P14 …… NASA/Apollo 11 Mission image - View of moon limb,
with Earth on the horizon, Mare Smythii Region
P15 …… NASA/JPL-Caltech/Space Science Institute and NASA/
Johns Hopkins University Applied Physics Laboratory/Carnegie Institution of Washington
P17 …… NASA/JPL/Our Milky Way Gets a Makeover Artist Concept
P19 …… NASA/iss070e024002
P33 …… NASA/JPL/Arizona State Univ./Shalbatana/Simud Vallis Junction
P34 …… NASA/JPL/SETI/Europa Stunning Surface
P36 …… NASA/JPL/Ames/Soaking up the Rays of a Sun-like Star Artist Concept
P39 …… NASA/Earth Observation
P45 …… NASA/From a Million Miles Away, NASA Camera Shows Moon Crossing Face of Earth
P46 …… NASA/JPL/Earth - Moon Conjunction
P48 …… NASA/JPL/USGS/Earth Moon
P49 …… 国立天文台/solar-eclipse-type-m
P51 …… NASA/Saturn Apollo Program
P53 …… JAXA/50P2023002960
P55 …… JAXA/P100014044
P59 …… NASA/SDO/AIA/Pulses from the Sun
P61 …… 国立天文台/JAXA　ひので
P62 …… NASA/2017 Total Solar Eclipse
P63 …… 国立天文台/JAXA　ひので
P64 …… 国立天文台/JAXA　ひので
P66 …… NASA/Hubble Captures Cosmic Ice Sculptures
P68 …… NASA/Planetary Nebula
P71 …… photoAC/kn-chima
P73 …… NASA/Parker Solar Probe Liftoff
P79 …… NASA/Johns Hopkins Univ./Carnegie Institution/Mercury as Never Seen Before
P81 …… NASA/Johns Hopkins Univ./Carnegie Institution/MESSENGER at Mercury Artist Concept
P83 …… NASA/JPL/Venus from Mariner 10
P85 …… NASA/JPL/ESA/Surface Warmth on a Venus Volcano
P86 …… NASA/JPL/MSSS/Mars 2003
P87 …… NASA/JPL-Caltech/MSSS/SSI
P89 …… NASA/JPL/MSSS/Mars Polar Cap During Transition Phase Instrument Checkout
P91 …… JAXA/P-043-15249
P93 …… NASA/Hubble Captures Vivid Auroras in Jupiter's Atmosphere
P94 …… NASA/JPL/Juno Above Jupiter Pole Artist Concept
P96 …… NASA/JPL/SwRI/MSSS/Gerald Eichstadt/Sean Doran/Jupiter's Swirling Cloudscape
P97 …… NASA/JPL/DLR/The Galilean Satellites
P98 …… NASA/JPL/SETI/Europa Stunning Surface
P99 …… NASA/JPL/SSI/Spotting Saturn Northern Storm
P100 … NASA/JPL/SSI/Saturn Watercolor Swirls
P101 … NASA/STScI/AURA/Ames/A Change of Seasons on Saturn - October, 1997

眠れない夜に読みたくなる宇宙の話80

2024年 7 月 5 日　初版発行
2024年12月10日　再版発行

著者　宇宙すずちゃんねる
監修　渡部潤一
発行者　山下直久
発　行　株式会社KADOKAWA
〒102-8177 東京都千代田区富士見2-13-3
電話0570-002-301(ナビダイヤル)
印刷所　株式会社暁印刷
製本所　株式会社暁印刷

● お問い合わせ
https://www.kadokawa.co.jp/ (「お問い合わせ」へお進みください)
※内容によっては、お答えできない場合があります。
※サポートは日本国内のみとさせていただきます。
※Japanese text only

定価はカバーに表示してあります。

ISBN 978-4-04-606693-0　C0044